Markus Hengstschläger
Die Macht der Gene

Zu diesem Buch

Warum gibt es Menschen, die kaum etwas essen und trotzdem dick werden? Was haben Toupet und offener Sportwagen mit genetischer Selektion zu tun? Warum spielen brasilianische Fußballer immer besser als österreichische? Wie werden meine Kinder aussehen, und wissen meine Gene, dass ich einmal Model, Politiker oder Serienkiller werde? Wussten Sie, dass jedes Neugeborene in ganz Europa und den USA auf eine genetische Erkrankung hin untersucht wird – und das schon seit Jahrzehnten? Bin ich meinen Genen wirklich hilflos ausgeliefert? Vielleicht haben Sie auf alle diese Fragen noch nie eine Antwort erhalten, weil Sie nicht zu fragen gewagt haben. Markus Hengstschläger, einer der weltweit führenden Fachhumangenetiker, liefert fundierte und klare Antworten.

Markus Hengstschläger, geboren 1968 in Linz in Oberösterreich, studierte Genetik an der Universität Wien und wurde 2003 zum Universitätsprofessor für Medizinische Genetik an der Medizinischen Universität Wien berufen. Hengstschläger ist außerdem ausgebildeter Fachhumangenetiker. Seit 2005 leitet er die Abteilung für Medizinische Genetik an der Medizinischen Universität Wien und die genetische Abteilung des Wunschbaby Zentrums.

Markus Hengstschläger

Die Macht der Gene

Schön wie Monroe, schlau wie Einstein

Piper München Zürich

Mehr über unsere Autoren und Bücher:
www.piper.de

Mix
Produktgruppe aus vorbildlich bewirtschafteten
Wäldern und anderen kontrollierten Herkünften
www.fsc.org Zert.-Nr. GFA-COC-001223
© 1996 Forest Stewardship Council

Ungekürzte Taschenbuchausgabe
Piper Verlag GmbH, München
1. Auflage März 2008
2. Auflage Mai 2009
© 2006 ecowin Verlag, Salzburg
Umschlag: Büro Hamburg. Anja Grimm, Stefanie Levers
Bildredaktion: Büro Hamburg. Alke Bücking, Charlotte Wippermann
Konzeption von ADWERBA GmbH, Stephan Enzinger;
Bildmotiv von Varie/Alt/Corbis; Porträt von Günter Menzl
Autorenfoto: ecowin Verlag, Salzburg
Satz: Druckerei Theiss GmbH, St. Stefan
Papier: Munken Print von Arctic Paper Munkedals AB, Schweden
Druck und Bindung: Clausen & Bosse, Leck
Printed in Germany   ISBN 978-3-492-25029-0

Wussten Sie, dass ...

... man körperliche Merkmale, Eigenschaften, Erkrankungen von den Eltern erben kann, obwohl die Eltern selbst sie gar nicht haben?

... es in der Tat keinen einzigen Menschen auf dieser Welt gibt, der kein Mutant ist?

... jedes Neugeborene in ganz Europa oder den USA auf eine genetische Erkrankung untersucht wird – und das schon seit Jahrzehnten?

... die Trinkgewohnheiten von Menschen bis zu einem gewissen Grad in ihren Genen verankert sind?

... es bis zu einem gewissen Grad genetisch ist, warum sich eine Frau einen Mann nicht „schön saufen" kann?

... wir den größten Anteil genetischer Intelligenz nicht wahrnehmen, da seine Träger nicht lesen und schreiben können?

... Toupet und offener Sportwagen etwas mit genetischer Selektion zu tun haben?

... Auto und Flugzeug mit den Chancen des Menschen auf langen Bestand in der Evolution zu tun haben?

... Rinderzüchter und Spitzensportler ein gemeinsames Interesse an Gentherapie haben könnten?

… es Theorien gibt, wonach das heute gesellschaftlich akzeptierte Outing homosexueller Menschen zum Aussterben eventueller Schwulengene führen könnte?

… es Theorien gibt, wonach Religiosität in den Genen verankert ist?

… viele Mitglieder der Mafia vielleicht unschuldig sind, weil sie ihren Genen hilflos ausgeliefert sind?

… der einzelne Mensch sterben muss, damit die Menschheit überleben kann?

… ein menschlicher Körper jährlich 6 Harnblasen, 8 Luftröhren, 18 Lebern und 200 Magenausgänge herstellt?

… in naher Zukunft jedes Medikament wahrscheinlich erst nach einem entsprechenden Gentest verschrieben werden wird?

Für meinen Onkel Willi aus dem Mühlviertel in Oberösterreich, der stets zu sagen pflegte: „Denke immer daran, woher du kommst und von wem du abstammst."

Inhaltsverzeichnis

Einleitung

Ich bin in Oberösterreich geboren. Die Familie meines Vaters stammt aus dem Mühlviertel, die Familie meiner Mutter aus der Steiermark. Von der mütterlichen Seite her gibt es sogar (lang, lang ist es her) jugoslawische genetische Einflüsse. Ich bin mit einer Deutschen verheiratet, die in der Pfalz geboren ist. Noch dazu ist sie Genetikerin. Unsere beiden Kinder, Anna und Max, haben sowohl einen deutschen als auch einen österreichischen Pass und sind also in geringem Ausmaß populationsgenetische Hybriden. Bei genauerem Betrachten unserer Kinder, sowohl ihres Aussehens als auch ihrer Charakterzüge, ihrer Art, äußern unsere Verwandten die verschiedensten, glasklaren und doch meist vollständig widersprüchlichen Ansichten: die schönen blauen Augen hat sie von uns, das Grüblerische stammt von diesem Großvater, ich habe auch in der Jugend im Fußballverein gespielt, wie kann das sein – wir sind doch alle unmusikalisch, das werden bestimmt auch einmal Naturwissenschafter … Man kann sich vorstellen, dass solche „genauen wissenschaftlichen" Verwandtschafts-Abhandlungen zwei Berufsgenetiker stets auf die Kippe zwischen bedauerndem Lächeln und schweißförderndem Erschrecken treiben. Das bedauernde Lächeln dann, wenn doch klar ist, dass das gar nicht genetisch beziehungsweise vererbbar ist. Schweißförderndes Erschrecken sehr oft dann, wenn neueste Ergebnisse beschreiben, dass es dafür vielleicht doch eine genetische Komponente gibt. Wie oft schießen uns in solchen Situationen beim Schweißabtupfen äußerst beängstigende Gedanken durch den Kopf: Welcher Partner, welches Kind bekommt später einmal welches Aussehen, welche Eigenschaft vom welchem Elternteil oder Onkel … du wirst doch nicht etwa wie deine Verwandtschaft …?!

Solche Fragen können für zwei Genetiker mit gemeinsamem Nachwuchs durchaus quälend sein.

Als ich das erste Mal mit meiner Frau zu den Wurzeln meiner Ahnen ins Mühlviertel fuhr, war gerade Sommer. Ein warmer Tag, an dem die Bauern der Region emsig mit ihren krummen, dicken Fingern an ihren Traktoren schraubten, andere pausbäckig und mit den signifikant großen, roten Nasen an warmen Stallmauern saßen und Most tranken, und wieder andere in Baumschatten danach trachteten, dass ihre ach so blasse, faltige Haut im Gesicht und unter ihrem äußert schütteren, hellen Haar nicht vollständig verbrennt, während sie laut schnarchend ein wenig Ausgleich zur schweren Arbeit suchen. Das alles kannte meine Frau auch aus der Pfalz. In diesem Fall war das bereits erwähnte schweißfördernde Erschrecken meiner Frau vielmehr darauf zurückzuführen, dass alle Männer, an denen wir vorbeifuhren, die gleichen krummen, grobschlächtigen Finger, die gleichen dicken, roten Nasen, die gleichen Pausbacken, die gleiche helle Haut und den gleichen schütteren Haaransatz hatten. All diese Männer sahen sich frappant ähnlich! Ich blickte im Auto neben mich und erkannte sofort alle Anzeichen dieses mir doch selbst auch so vertrauten „Genetikerschreckens" bei meiner Frau – der offene Mund, die Schweißperlen, die zusammengekniffenen Augen, die grübelnde Stirn. Ich wusste sofort, was ihr in diesem Moment durch den Kopf ging: Warum diese enorme Ähnlichkeit? Das Repertoire ihres Fachwissens wie aus der Pistole schießend, hatte sie bestimmt bereits die wesentlichsten Erklärungsmodelle beisammen. Die erste Möglichkeit wäre, dass das Aussehen dieser Männer lediglich Resultat ihrer täglichen Arbeit, ihres täglichen Seins ist. Die harte Arbeit auf dem Feld macht die Finger krumm und dick, der Most macht die Nasen rot und groß, der typische Wind, der durch das Mühlviertler Rumpfgebirge bläst, lässt die Haut faltig werden, die wenigen starken Sonnenstunden dieser Region bewirken blasse Haut. Als ich erneut im Auto neben mich blickte und meine Frau bei offenem Fenster nach Luft schnappen sah, wusste ich, dass sie in ihrer wissenschaftlichen Analyse aber bereits viel weiter war. Das war schließlich auch einfach. Sie musste im Auto lediglich auf die andere Seite blicken. Da saß nämlich ich. Damals erst 26 Jahre jung, aber bereits mit sehr krummen, dicken Fingern, mit sehr großer, roter Nase, heller Haut, bereits äußerst schütterem Haaransatz … Was meine Frau auch wusste, war, dass ich das Mühlviertel zwar oft und oft ausgedehnt besucht, aber nie dort gelebt habe. Ich bin in der Stadt groß geworden, habe daher äußerst selten am Acker geschuftet oder an Traktoren geschraubt. Meine für mein Alter bereits viel zu faltige Haut kann auch sicherlich nicht vom sagenumwobenen Mühlviertler Wind verursacht worden sein und von einem den Nasenumfang erweiternden Alkoholkonsum meinerseits ging meine Frau auch nicht aus. Die Morphologie, die all diese Mühlviertler Bauern mit mir gemeinsam haben, ist also nicht Resultat äußerer Einwirkungen – Punktum! Das wäre meiner Frau natürlich in diesem Moment viel lieber gewesen. Denn spätestens aus den Darwinschen Theorien zu den verschiedenen Halslängen von Galapagos-Schildkröten, wusste meine Frau, dass erworbene Eigenschaften nicht vererbt werden, wie es Darwins Gegenspieler Lamarck annahm (wenn man Epigenetik einmal ausnimmt – und wer weiß schon, was das ist). Arnold Schwarzenegger kann also trainieren so viel wie er will, seine Söhne kämen nicht mit seinem immer noch die Bücher der Rekorde füllenden Oberschenkelmuskel zur Welt. Sie könnten ihn wahrscheinlich selbst in ihrem Leben auch gar nicht mehr erwerben, da die dafür notwendigen Nahrungsergänzungsmittel bereits aus dem Handel genommen wurden. Wenn ich also mein Aussehen (Zitat meiner Freunde: Wenn du jemals so alt wirst wie du ausschaust, kannst du zufrieden sein) lediglich durch harte Arbeit auf dem Mühlviertler Feld erworben hätte, müsste meine Frau nicht darum bangen, dass unsere zukünftigen gemeinsamen Nachkommen diese Morphologie notwendigerweise erben müssten. Nun habe ich aber, wie gesagt, nicht wirklich oft und schon gar nicht wirklich hart auf den

Mühlviertler Feldern gearbeitet. Da meine Frau damals (wie so oft auch heute noch) das Auto lenkte, begann ich mir im Besinnen auf das nun gesteigerte Erschrecken meiner Frau spätestens ab dann auch Sorgen um meine eigene Gesundheit zu machen. Man konnte ihr ansehen, dass sie sich gedanklich bereits mit dem zweiten Erklärungsmodell für diese frappante Ähnlichkeit auseinander setzte. Es könnte sich natürlich dabei auch um dominante genetische, für diese Region im weitesten Sinn spezifische Merkmale handeln. Nicht gut. Nicht gut. Denn das könnte bedeuten, dass Fortpflanzung unter auch noch so weitschichtigen Verwandtschaftsbeziehungen (und das Mühlviertel und die Pfalz sind nicht nur durch die gemeinsame deutsche Sprache so klar getrennt) immer noch dazu führen könnte, dass diese äußeren Merkmale bei den Nachkommen auftreten könnten. Das würde also heißen, dass selbst Nachkommen meiner Frau und mir … Nicht gut. Da wir damals noch keine gemeinsamen Kinder hatten, ich aber fest davon überzeugt war: wenn Kinder, dann nur mit dieser Frau, musste ich genau in diesem Moment eingreifen – sonst wäre alles verloren. Nachdenken, und jetzt nur nichts Falsches sagen. In meiner Not griff ich zu einem gewagten Ansatz: eingeschränktes Fortpflanzungsspektrum! Ich wusste, sie wusste davon. Uns beiden war aus unseren Studien – ob in Deutschland oder Österreich, das ist Lehrmeinung – bekannt, dass ein eingeschränktes Fortpflanzungsspektrum zur Herauskristallisierung wegen genetischer Verwandtschaft gemeinsamer versteckter (so genannter rezessiver) Anlagen führen kann. Man denke an bestimmte Erkrankungen auf Grund von Verwandtschaftsverehelichungen innerhalb von Herrscherhäusern oder die Manifestation einzelner genetischer Erkrankungen bei bestimmten religiösen Minderheiten; ja es gibt sogar Hochplateaus, auf denen sechsfingrige Kinder häufiger sind als fünffingrige, weil die Menschen dort so gut wie nie von dem Plateau runterkommen und sich daher auch stets untereinander fortpflanzen. Einen Versuch war es wert: „Weißt du, Schatz, hier gibt es praktisch nur eine einzige

Diskothek für das gesamte Mühlviertel. Der Weg in die Stadt ist sehr weit. Es existieren praktisch kaum Busverbindungen. Die Menschen hier sind außerdem sehr eigen, sie verreisen nie." Ich war mir damals nicht sicher, ob ich meine Frau wirklich auf die Idee gebracht habe, dass diese Bauern sich lediglich deshalb so ähnlich schauen, weil sie ja schließlich auch alle irgendwie miteinander verwandt sind. Also keine so starken dominanten genetischen Anlagen, dass sie sich immer und überall durchsetzen würden – auch bei nicht verwandtschaftlichen Beziehungen. Einbildung oder nicht, aber ich hatte den Eindruck einer gewissen Beruhigung bei meiner Frau. Gleichsam wie ein Feldherr, ein Eroberer, der bemerkt, dass seine angewandte Strategie zum Sieg führt, setzte ich konsequent nach. „Schatz, was hatten wir für ein Glück, dass wir uns trafen, obwohl wir 1000 Kilometer entfernt voneinander das Licht der Welt erblickten." Es war schließlich noch ein schöner und lustiger Verwandtschaftsbesuch im Mühlviertel.

Ich weiß auf jeden Fall, dass meine Frau und ich heute verheiratet sind und zwei Kinder gemeinsam haben. Ich weiß nicht, ob und wie viele Mühlviertler Merkmale meine Kinder im Erwachsenenalter haben werden. Ich weiß aber auch nicht wirklich, ob es typisch pfälzische Morphologien gibt. Ich weiß aber, wie meine Verwandten und wie die Verwandten meiner Frau aussehen. Ich weiß nicht, ob ich meine Fortpflanzung meiner GENialen damaligen Strategie oder lediglich dem bedauernden Lächeln und Mitleid meiner Frau verdanke.

Ich weiß aber, dass viele Menschen so manches gerne über ihr Gene gewusst hätten, aber bisher nicht zu fragen wagten. Um einige solche Fragen zu beantworten, habe ich dieses Buch geschrieben. Ich bedanke mich bei meinen beiden Kindern, dafür, dass sie Gene meiner Frau und Gene von mir tragen, und dafür, dass sie das Beste daraus machen. Ich bedanke mich bei meiner Frau, die das alles möglich gemacht hat.

Wien, Mai 2006

Der Mensch ist genetischer Zufall

Das genetische Rüstzeug des individuellen Menschen steht nicht etwa erst ab seiner Geburt fest, sondern schon davor. Seit der Verschmelzung einer Eizelle mit einer Samenzelle besteht jedes individuelle Erbgut, das genetische Repertoire des Einzelnen ist also bereits fixiert. Von geringfügigsten, lokal in verschiedenen Körperzellen auftretenden Veränderungen (Mutationen), die leider auch zu Krebs führen können, einmal abgesehen, ändert sich an diesem genetischen Repertoire des Menschen sein ganzes Leben lang nichts mehr (und man muss daher auch nicht nüchtern sein bei der Blutabnahme für eine Genanalyse!). Jeder Mensch hat ungefähr 30.000–40.000 Gene (lokal sind die Gene auf 46 „Würsteln", so genannten Chromosomen, im Innersten jeder Zelle zu finden). Jeder Mensch auf dieser Welt besitzt die gleichen Gene, aber jeder hat ganz spezifische Varianten davon. Jedes Gen hat man zweimal – einmal von seiner Mutter und einmal von seinem Vater. Individualität entsteht einerseits dadurch, dass bereits meine Mutter jedes Gen zweimal hat – einmal von ihrer Mutter und einmal von ihrem Vater. Für jedes meiner 30.000–40.000 Gene besteht also die Möglichkeit, dass meine Mutter mir das von ihrem Vater oder das von ihrer Mutter weitergegeben hat – bei dem einen Gen so, bei einem anderen Gen anders – zufällig. Was die Gene anlangt, die ich von meiner Mutter geerbt habe, bin ich deswegen ein zufälliges Gemisch großväterlicher und großmütterlicher Gene mütterlicherseits. Das zweite Set an Genen (ich besitze ja, wie gesagt, jedes Gen zweimal) habe ich von meinem Vater. Und auch hier gilt – ich bin ein zufälliges Gemisch von großväterlichen und großmütterlichen Genen väterlicherseits. Was für ein zufälliges Gemisch also! Und das ist noch nicht alles.

Im Zuge der Verschmelzung von Eizelle und Samenzelle sorgen bestimmte biochemische Abläufe für zusätzliche auch zufällige Vermischungen.

Bildlich gesprochen, verhält es sich mit der Entstehung des genetischen Repertoires eines Menschen so, als würde man einen neu angelegten Teich mit Fischen aus zwei bereits lang existierenden anderen Teichen besiedeln. Man hat in beiden Teichen eine große Anzahl an verschiedensten Fischarten – überlappende Artenvielfalt genauso wie aber auch für jeden Teich spezifische Arten. Man transferiert jetzt einfach eine bestimmte Anzahl an Fischen aus jedem der beiden Teiche in den neu angelegten noch leeren Teich. Der Fischbestand des neuen Teiches bildet sich also zufällig und individuell. Jeder Mensch ist folglich Produkt einer faszinierenden Neudurchmischung der Karten, die diese so unglaubliche Individualität und Vielfalt verantwortet. Jeder Mensch ist anders, jeder Mensch ist eigen. Diese „Karten" – seine Gene – bekommt er ganz am Anfang in die Hand gedrückt und soll beziehungsweise muss jetzt damit sein Leben spielen. Wer verstanden hat, dass jeder Mensch, was seine Gene betrifft, ein Produkt des Zufalls ist, hat die Voraussetzung für die Beantwortung vieler – ja, vieler – wirklich immer wieder gestellter Fragen der Menschen zur Vererbung bereits gewährleistet.

Eine zweite Voraussetzung dafür schafft man durch das Verständnis, dass das neue Produkt allerdings aus einer endlichen und nicht unendlichen Menge an Einzelkomponenten kreiert wurde. Zurück zu unserem Beispiel mit den Teichen. Natürlich ist der Fischbestand des neu angesiedelten Teiches zufällig und individuell. Aber gleichzeitig muss uns klar sein, wenn in keinem der beiden Ausgangsteiche ein Hai schwimmt, kann auch kein Hai im neu angelegten Teich vorkommen – so einfach ist das.

Welche so häufig gestellten Fragen zur Genetik habe ich gemeint, die man nach Verständnis dieser Tatsachen einfach beantworten kann? Nun, zum Beispiel, ob zwei weißhäutige Menschen ein Kind mit dunkler Haut bekommen können. Wenn nie in den

Familien dunkelhäutige Vorfahren darunter waren, schwimmen die genetischen Anlagen nicht in den Ausgangsteichen und können daher nach der Neubesiedelung auch nicht im neuen Teich auftauchen. Also nein. Sollte aber in so einer Partnerschaft doch ein dunkelhäutiges Kind zur Welt kommen, gilt es ganz andere Fragen, etwa solche nach dem Hausfreund, zu stellen. Es ist eine wissenschaftlich überprüfte und erwiesene Tatsache, dass im europäischen Durchschnitt zehn Prozent aller Kinder in der Tat nicht von dem Vater sind, von dem sie glauben zu sein (oder den man ihnen als Vater „verkauft" hat). Wobei ich an dieser Stelle immer konsequent die meiner Ansicht nach schwer überschätzte Bedeutung der biologischen Vaterschaft anzweifle. Abgesehen von Ausnahmen, betreffend die Vererbung von Krankheiten, denke ich, dass die soziale Vaterschaft wesentlich wichtiger ist. Das durch die aktuell so hohen Scheidungsraten gewollt oder ungewollt heute recht häufig praktizierte Patchwork-Familiensystem stellt das eigentlich sehr gut unter Beweis. Ähnlich wie das auch die wunderbare Sache der Adoption zeigt. In ungefähr zehn Prozent der Fälle stammt ein Kind in Österreich oder Deutschland also nicht von dem Vater, von dem es glaubt zu sein. In bestimmten Regionen Großbritanniens liegt diese Zahl sogar ungefähr bei 20 Prozent. Und das ist nicht etwa, so zeigen die durchgeführten Studien, eine ganz aktuelle Entwicklung als Konsequenz der Emanzipation oder der sexuellen Revolution. Solche Zahlen gibt es schon länger. Ich werde später noch anhand einiger Anekdoten erläutern, welche ganz praktischen Konsequenzen das für die tägliche Arbeit eines Humangenetikers hat. Zu dem Beispiel mit der Hautfarbe wäre noch zu sagen, dass die angeborene Hautpigmentierung ein Merkmal ist, das polygen vererbt wird. Das heißt: Im Gegensatz zu Merkmalen oder Krankheiten, die kausal nur mit einem einzigen Gen in Verbindung gebracht werden (monogen), wird die Hautfarbe durch das Zusammenspiel vieler Gene, von denen man die meisten heute überhaupt (noch) nicht kennt, reguliert. Es besteht einerseits kein Zweifel daran, und das wissen wir alle, dass die Hautfarbe von den Eltern auf die Kinder vererbt wird. Andererseits aber, obwohl klar ist, dass diese Information in den Genen steht, kann kein Genetiker der Welt heute durch Genanalysen feststellen, ob eine Blutprobe von einem weißhäutigen oder einem dunkelhäutigem Menschen stammt. Das ist der aktuelle Stand.

Können zwei blauäugige Eltern ein braunäugiges Kind bekommen? Können zwei schwarzhaarige Menschen ein blondes Kind in die Welt setzen? All solche Fragen sind auf der Basis des oben Gesagten zu diskutieren. Werden zwei „wunderschöne" Eltern auch ein „wunderschönes" Kind zeugen? Nun, das interessiert ja offensichtlich wirklich alle. Wie sieht es bei Katie Holmes und Tom Cruise, wie bei Angelina Jolie und Brad Pitt aus? Ungerechtigkeit, wenn es so ist, Schadenfreude, wenn es nicht so ist? Aber wie ist es wirklich? Man darf annehmen, dass in den „Gen-Teichen" dieser Ausnahme-„Beautys" schon vielleicht mehr Anlagen für das, was heute gemeinhin als schöne körperliche Merkmale angesehen wird, schwimmen als in meinem Wasser (in meiner Verzweiflung erinnere ich Sie an dieser Stelle noch einmal nachdrücklich, dass wahre Schönheit von innen kommt und so weiter). Aber Garantien gibt es natürlich keine! Sollte es der Zufall wollen, bekommen die Nachkommen dieser Schauspieler genau jene Anlagen der Großeltern, über die sich auch schon Tom Cruise oder Katie Holmes nicht gefreut hätten, die bei ihnen aber von dominanteren (also durchsetzungsstärkeren) Merkmalen für Schönheit anderer Vorfahren überdeckt wurden. Schauen wir uns das genauer an.

Der Schlaf der Gene

Schlummernde Anlagen

Ich hoffe, es ist anhand des bisher Gesagten klar geworden, dass die Tatsache, dass wir jedes Gen zweimal haben, neben der Gewährleistung von Individualität durch zufällige Vermischung auch noch etwas anderes für den Menschen bewerkstelligt. Nämlich, dass zum Beispiel die Variante für das Gen Nummer 289 von meiner Mutter über meine väterliche Variante dieses Gens dominant sein kann. Das bedeutet, dass sich in diesem Fall dann das mütterliche durchsetzt und bei mir zur Ausprägung kommt, während das väterliche schlummert. Für unser Beauty-Beispiel bedeutet dies sehr stark vereinfacht Folgendes: Tom Cruise könnte Träger von dominanten Genvarianten für „schön" und schlummernden (rezessiven) Genvarianten für „hässlich" sein. Er ist also schön, weil sich die dominanten Anlagen durchsetzen. Dasselbe gilt für seine Partnerin Katie Holmes (angenommen). Nur zur Erinnerung: Jedes Gen hat man zweimal, einmal vom Vater und einmal von der Mutter. Wenn sowohl Tom als auch Katie ihre dominanten „schönen" Gene an ihre Kinder weitergeben, werden die Kinder vielleicht sogar schöner als ihre Eltern (also kitschig). Wenn nur einer der beiden seine dominanten „schönen" Genanlagen und der andere seine „hässlichen" Gene weitergibt, wird das Kind trotzdem schön, weil sich die dominanten ja durchsetzen. Einmal schön wie Katie Holmes, oder einmal schön wie Tom Cruise (und das gilt für jede einzelne Anlage, die etwas damit zu tun haben könnte: Nase von ihm, Augen von ihr etc.). Nur in dem Fall, der aber durchaus auch möglich ist, dass beide, Tom und Katie, nur ihre schlummernden „hässlichen" Gene weitergeben, wird das Kind hässlich.

Schließlich hat es in diesem Fall überhaupt keine Gene für „schön". Das ist die „äußerst wissenschaftliche" Erklärung für den Schluss, den wir oben bereits gezogen haben. Die Karten für Nachkommen der beiden stehen nicht schlecht, aber Garantien gibt es keine! Aber das Ganze ist natürlich viel komplexer – klar. Jedes Merkmal des Menschen, das etwas mit der Schönheit zu tun haben könnte, wird wahrscheinlich von vielen verschiedenen Genen gesteuert. Und meine Titel „schön" und „hässlich" im Zusammenhang mit Genen möchte ich auch gleich wieder zurücknehmen. Zumal ich auch aus meiner wissenschaftlichen Erfahrung wirklich weiß, dass DNA (jene chemische Struktur, die Gene aufbaut) immer wunderschön ist und sich Gene außerdem nur in ganz kleinen, aber enorm wichtigen Aspekten (nämlich durch ihre DNA-Sequenz) nicht unterscheiden. Wie diese Geschichte bei dem Paar Holmes/Cruise ausgeht, wissen wir in ein paar Jahren, wenn ihre Tochter Suri (das ist ihr Name) alt genug für erste Begutachtungen durch die Boulevardpresse ist. Die Frage, ob Suri auch bereits eine genetische Anlage, Scientologin zu werden, in die Wiege gelegt bekommen haben könnte (Tom Cruise ist ja Anhänger der Sekte Scientology), greifen wir später bei unserer Diskussion eines möglichen Gott-Gens auf.

Hätte ich das oben erarbeitete Wissen in einer meiner Vorlesungen so präsentiert, hätte ich an dieser Stelle mit Sicherheit zusammengefasst:

1. *Der Mensch ist Produkt einer zufälligen Mischung der genetischen Anlagen seiner Ahnen.*
2. *Jedes Gen hat man zweimal, einmal von der Mutter und einmal vom Vater.*
3. *Von den beiden Varianten eines Gens kann sich eine (die dominante) über die andere (die rezessive) durchsetzen.*

Liebe KollegInnen, sollten Sie ein Tagebuch haben, wären das die Sätze, die am heutigen Tag nicht fehlen dürften. Und bitte

22

schreiben Sie dazu, dass das nicht von Markus Hengstschläger, sondern von einem Mönch namens Gregor Mendel (1822–1884) vor über 100 Jahren an Erbsen entdeckt wurde. Sehr oft erzähle ich am Ende einer Vorlesung/eines Vortrages eine passende Anekdote oder einen Witz, um den Stoff noch einprägsamer zu machen. An diesem Tag wäre das dieser: Ein weißer Missionar kommt zu einem dunkelhäutigen Volk mit bekehrender Absicht. Nach Jahren bringt eine dunkelhäutige Mutter des Stammes ein weißes Kind zur Welt. Der Stammeshäuptling ruft den Missionar zu sich in seine Hütte. Da das Kind weiß ist, kann es ja nur vom Missionar sein und das bedeutet jetzt für den Glaubensbruder „Kopf ab". Der Missionar lenkt sofort ein und erklärt dem Stammeshäuptling, dass bereits Gregor Mendel gezeigt hat, dass genetische Anlagen über Generationen schlummern und dann plötzlich wieder ans Tageslicht treten können (ganz im Sinne dessen, was wir oben diskutiert haben). Nachdem der Häuptling aber ernsthafte Zweifel an dieser Erklärung anmeldet, versucht der Missionar dem Tod dadurch zu entrinnen, dass er diese Theorie dem Häuptling anhand eines bildlichen Vergleiches erklären will. Er nimmt den Häuptling mit auf das Feld und zeigt ihm eine Herde weißer Schafe: „Siehst du, Häuptling, alle Schafe sind weiß, bis auf eines darunter, das ein schwarzes Fell hat …" Als der Missionar wieder mit der genetischen Erklärung von Gregor Mendel beginnt, wird er vom Häuptling unterbrochen: „Na gut, du sagst nichts, dann sage ich auch nichts …"

Genetische Erkrankungen

Das Faszinierendste an der Existenz schlummernder Anlagen in jedem von uns ist aber eigentlich etwas anderes. Man kann körperliche Merkmale, Eigenschaften, Erkrankungen von den Eltern erben, obwohl die Eltern sie gar nicht haben! Wenn der eher unwahrscheinliche Fall eintreten würde, dass Suri wirklich hässlich wäre, hätte sie die genetischen Anlagen für ihre Hässlichkeit trotzdem von Katie Holmes und Tom Cruise geerbt, obwohl die beiden selbst nicht hässlich sind. Es wären schlummernde genetische Anlagen, die bei Suri zum Ausbruch kommen, weil sie keine „schönen" dominanten Anlagen an deren Stelle trägt. Bei den Eltern kamen sie nicht zum Ausbruch, da sie von deren „schönen" Genanlagen überdeckt wurden. Und trotzdem: Suri hätte in diesem Fall ihre „hässlichen" Anlagen von ihren Eltern geerbt. Unglaublich, aber eine wissenschaftliche Tatsache.

Ich kenne Situationen, unter denen es für Eltern schwer ist, das einzusehen. Genauso schwer, wie es wäre, wenn ich zu dem Paar Holmes/Cruise sagen würde: „Ihre Tochter ist aber hässlich, das hat sie von Ihnen." Es wäre wahrscheinlich für die meisten Menschen verständlich, wenn mich die beiden Schauspieler wegen dieser meiner Aussage vielmehr für einen Idioten als für einen bedachten Wissenschafter halten würden. Und doch habe ich Recht. Das ist eine gute und eine schlechte Nachricht zugleich. Alles, was uns an unseren Kindern nicht gefällt, insofern es sich um genetische/vererbte Merkmale handelt, könnten sie von uns haben, auch wenn wir selbst es nicht haben. Dasselbe gilt aber auch für alles Tolle an unseren Kindern, das wir bei uns selbst so vergeblich suchen. Besonders skurril hören sich dabei für mich stets Aussagen von Eltern an wie: „Von uns hat sie das nicht!" Was ist damit gemeint? Dass der Vater nicht der Vater ist …? Meist meint man damit, dass ein bestimmtes Merkmal von einem Großelternteil kommt, bei dem man dieses auch finden kann. Ja, das stimmt dann auch vielleicht. Aber selbst in diesem Fall war der Überbringer der entsprechende Elternteil, anders ist es überhaupt nicht möglich. Unabhängig davon, ob bei diesem Elternteil dieses Merkmal gleichfalls vorkommt oder schlummert. Auch wirklich drollig hört sich für einen Genetiker an: „Das hast du nicht von mir, das hast du von deinem Onkel!" Das ist nur dann möglich, wenn der Onkel der Vater ist (was natürlich möglich wäre) … In jedem anderen Fall muss alles, was über einen Menschen in seinen Genen steht, den Weg über seine direkten Vorfahren genommen haben – anders ist es nicht möglich. Wir finden uns am besten einfach damit ab.

Unter bestimmten Umständen fällt dies zu akzeptieren aber besonders schwer. Immer dann, wenn es um genetische Erkrankungen geht. Mutationen sind Veränderungen in den Genen. Das haben wir bereits gehört. Der Begriff „Mutation" wurde von den Medien und der Filmindustrie beschlagnahmt, um damit das Fürchterlichste vom Fürchterlichen zu versinnbildlichen: ein Mutant! Die Mutanten kommen, die Mutation aus dem Bodensee … In der Tat gibt es keinen einzigen Menschen auf dieser Welt, der kein Mutant ist. Jeder Mensch trägt in seinen Genen, in seiner DNA irgendwo Mutationen. Auch bei Mutationen kennen wir solche, die zur Ausprägung kommen (dominant), und solche, die schlummern (rezessiv). Wir wissen heute – und nicht zuletzt verdanken wir dieses Wissen dem großen Evolutionsforscher Charles Darwin (1809–1882) –, dass das ständige Vorkommen von Mutationen überhaupt erst ermöglicht hat, dass sich aus Einzellern, über Fische und die ersten Landtiere, aus dem Affen der Mensch entwickeln konnte. Evolution ist also Mutation. Um die Bedeutung der Mutation für die Evolution verstehen zu können, muss an dieser Stelle das erste Mal der Satz gesetzt werden, der in diesem Buch für eigentlich alle noch folgenden Themen von größter Bedeutung ist: *Der Mensch ist nicht auf seine Gene reduzierbar, er ist Produkt aus Genetik und Umwelt.* Im Zusammenhang mit Evolution bilden die Umwelteinflüsse den Selektionsfaktor. Es sind im Laufe der Evolutionsgeschichte Milliarden von Mutationen aufgetreten. Überlebt und durchgesetzt haben sich nur solche, die von Vorteil waren. Eine bestimmte Falterart wird Birkenspanner genannt, weil die Farben ihrer Flügel die Maserung der Rinde des Birkenbaums widerspiegeln. Setzt sich ein Birkenspanner auf die Rinde einer Birke, so ist er optimal getarnt. Seine natürlichen Feinde, Vögel, können ihn nicht sehen und er bleibt verschont. Beim Birkenspanner wie bei jedem Lebewesen treten ständig zufällige Mutationen auf. Manche haben gar keine Konsequenzen für das Tier, andere schlummern, und wieder andere führen zu klar sichtbaren Veränderungen. So gibt es zum Beispiel beim Birkenspanner eine Mutation, die zu vollständig schwarzen oder dunkelgrauen Flügeln führt. Wenn sich solch ein mutanter Falter auf die Birkenrinde setzt, wird er von Vögeln sofort erspäht und gefressen. Ein klarer Selektionsnachteil. Was aber, wenn sich die Umweltfaktoren ändern? Was aber, wenn in einer bestimmten Region auf Grund der hohen Dichte dort angesiedelter Industrie die Wetterseiten der Birken schwarz vor Ruß werden? Plötzlich ist der schwarze Mutant getarnt, und der ursprüngliche Birkenspannertyp mit seiner hellen Flügelfarbe wird sofort von seinen Feinden erkannt. Innerhalb von kürzester Zeit wurde beobachtet, dass es in dieser Region viel mehr schwarze Birkenspanner gab, weil der helle Typ durch Selektion ausgesondert wurde und jetzt plötzlich der schwarze günstigere Lebens- und Fortpflanzungsbedingungen vorfand. Ein einfaches Beispiel für die Wechselwirkung von Mutation und Selektion. Wir kommen noch darauf zurück.

Auch beim Menschen kommt es zu Mutationen. Es entstehen wahrscheinlich auch heute noch Mutationen beim Menschen, die evolutiv von Vorteil sind. Ob sie das wirklich sind, könnte man aber nur beweisen, wenn riesengroße Zeitabschnitte verfolgt werden könnten. Was bringt diese Mutation in Tausenden von Jahren …? Aus heutiger Sicht für den Menschen nachteilige genetische Veränderungen fallen uns aber gleich auf. Rauchen kann Mutationen in Lungenzellen auslösen und dadurch zu Lungenkrebs führen. Sonnenlicht kann Mutationen in Hautzellen auslösen und dadurch die Bildung von Melanomen bewirken. Mit diesem Typ genetischer Veränderungen wird man aber nicht geboren. Man hat diese genetischen Veränderungen auch nur in bestimmten Zellen, und wenn sie die Keimbahn (Samen- und Eizellen) des Menschen nicht betreffen, wird er diese Mutationen auch nicht seinen Nachkommen vererben. Der Mensch kann

Mutationen aber auch schon von Beginn seines Lebens in allen seinen Zellen haben. Viele davon entstehen neu und individuell im Zuge der Bildung menschlichen Lebens durch Verschmelzung von Ei- und Samenzelle (also spontan). Das Down-Syndrom (früher Mongolismus genannt) zum Beispiel ist in den überwiegenden Fällen auf eine spontane Mutation der Chromosomenzahl (ein Chromosom 21 zu viel) zurückzuführen. Down-Syndrom-Menschen weisen dieses zusätzliche Chromosom dann in all ihren Zellen auf. Für alle spontanen Veränderungen gilt aber dann das, was wir bisher besprochen haben, eigentlich nicht. Diese genetischen Anlagen hat man dann nicht von einem Elternteil geerbt. Es gibt also genetische Erkrankungen, die man nicht geerbt hat! Man könnte vielleicht sogar sagen: Es treten zwei verschiedene Arten von Erkrankungen auf, die in den Genen eines Menschen von Beginn seines Lebens an festgeschrieben sind, die er aber nicht von seinen Eltern erbt. Einerseits Erkrankungen, die durch spontane Mutationen ausgelöst werden (siehe oben). Andererseits ist es aber möglich, dass zwei bei den Eltern schlummernde „kranke" Varianten eines Gens bei einem Kind zusammentreffen. Denken wir noch einmal an unser Beispiel von Cruise/Holmes zurück. Ersetzen wir jedoch einfach „schön" durch „gesund" und „hässlich" durch „krank". Angenommen, sowohl Mutter als auch Vater tragen von einem Gen je zwei Varianten: eine dominante „gesunde" und eine rezessive „kranke". Da sich ausschließlich die dominanten Varianten durchsetzen, sind beide Elternteile gesund. Das Kind bekommt immer je eine Variante vom Vater und eine von der Mutter. Nehmen wir den Fall an, das Kind erhält sowohl vom Vater als auch von der Mutter die „kranke" Variante. Das Kind hat dann überhaupt keine „gesunde" Variante und erkrankt. Jedes vierte Kind aus solch einer Partnerschaft wird an einer Krankheit leiden, obwohl die Eltern keinerlei Anzeichen dieser Erkrankung aufweisen. Ich habe bereits gesagt, dass es Umstände gibt, unter denen es für Eltern nur äußerst schwer zu verstehen ist, dass das Kind die genetische Veranlagung für seine

Erkrankung von den Eltern hat. Dies wäre ein derartiger Fall. Es gibt sogar eine große Anzahl an schweren Erkrankungen, die solch einem Erbgang folgen. Cystische Fibrose, früher bekannt als Mukoviszidose, ist eine davon. Die krankheitsauslösenden Mutationen führen bei dieser Erkrankung zu einer Veränderung der Sekrete in Lunge, Bauchspeicheldrüse, Darm, Schweißdrüsen und Leber. Häufig sterben diese Kinder noch vor dem 6. Lebensjahr, heute überleben 30 Prozent der Betroffenen aber bereits das 20. Lebensjahr. Ich erfahre immer wieder, dass Eltern nur äußerst schwer damit fertig werden können, dass die genetischen Anlagen für diese schwere Erkrankung bei ihrem Kind von ihnen stammen, obwohl sie selbst in keinerlei Weise davon betroffen sind.

Doch jetzt wieder etwas Faszinierendes und gleichzeitig für viele bedrohlich Wirkendes: Jeder von uns ist Träger von drei schlummernden genetischen Anlagen für schwere Erkrankungen, die glücklicherweise von einer dominanten Anlage überdeckt sind, sodass die Krankheit bei uns nicht zum Ausbruch kommt. Nur im Falle der Fortpflanzung mit einem Partner, der auch eine schlummernde „kranke" Variante desselben Gens in sich trägt, wird eines von vier Kindern betroffen sein. Bekanntlich ist ungefähr einer von zwanzig Europäern gesunder Träger einer schlummernden Anlage für Cystische Fibrose. Zwanzig mal zwanzig, also 1:400, lautet die Wahrscheinlichkeit, dass zwei Menschen in Europa aufeinander treffen, die beide solch eine schlummernde Anlage haben. Dem besprochenen Erbgang folgend, wird jedes vierte Kind aus solch einer Partnerschaft an der schweren Erkrankung Cystische Fibrose leiden – das führt zu einer Wahrscheinlichkeit von 1:1600. In der Tat kommt in Europa ein Kind unter ungefähr 2000 Kindern mit Cystischer Fibrose zur Welt. Die Therapien für diese Erkrankung werden stetig besser. Unglaubliches ist bereits erreicht worden, um sowohl Lebenserwartung als auch Lebensqualität dieser Kinder zu verbessern. Und wieder sind wir bei der so großen Bedeutung des Wechselspiels zwischen Genetik und Umwelt.

Das Ziel genetischer Diagnostik am Menschen muss letztendlich sein, Therapien zu entwickeln und anzuwenden, um den „kranken" Genen entgegenzuwirken. Jeder Leser dieses Buches, der jünger als 40 Jahre ist, wurde höchstwahrscheinlich bei seiner Geburt bereits auf eine schwere Erkrankung, die dem oben beschriebenen Erbgang folgt, untersucht. Ja, wirklich – jeder. Gemeint ist die Erkrankung mit dem Namen Phenylketonurie. Eine Mutation führt bei dieser Erkrankung dazu, dass die Betroffenen kein Phenylalanin vertragen. Phenylalanin ist in vielen Nahrungsmitteln enthalten und führt bei den Trägern dieser Mutation zu irreversiblen schweren geistigen Schädigungen. Dies kann verhindert werden, ernährt man die Kinder in den ersten zehn Lebensjahren mit phenylalaninreduzierter Kost. Diät-Coca-Cola, zum Beispiel, trägt einen eigenen Vermerk auf der Flaschenetikette: „phenylalanin-free". Eigenwilligerweise, so habe ich mir sagen lassen, nicht in jedem Land. Untersuchen Sie doch selbst einmal auf Reisen die Etikette der Colaflaschen auf diesen Vermerk. Seit vielleicht ungefähr eben 40 Jahren werden alle Neugeborenen in Europa oder den USA automatisch bei der Geburt auf diese Erkrankung hin untersucht. Die große Bedeutung dieses Screenings ist offensichtlich. Wären Sie oder ich Träger der Mutation, hätten unsere Eltern von entsprechenden Ärzten Diäten für uns verschrieben bekommen, und wenn nicht ... Für mich immer wieder interessant ist die allgemein oft erkennbare (und vielleicht auch in so manchen Fällen durchaus berechtigte) Skepsis vieler Menschen gegen das Testen auf genetische Erkrankungen. Und das, obwohl doch die jüngere Generation bereits nahezu flächendeckend auf eine genetische Erkrankung (wenn auch nicht mit einem klassischen Gentest, sondern mehr mittels biochemischer Methoden) untersucht wurde. Ich glaube, wenn der Nutzen so groß ist wie oben beschrieben, kann und soll dem auch nichts entgegenstehen. Und trotzdem: Fragen Sie doch einfach mal beim nächsten Zusammentreffen beim Heurigen oder beim kommenden gemütlichen Beisammensein bei Ihnen zu Hause, was Ihre Freunde denn eigentlich davon halten, dass ein Test bei ihnen auf eine genetische/vererbte Erkrankung gemacht werden würde. Umso größer die Ablehnung ist, umso eher sollten Sie offenbaren, dass – vorausgesetzt, Ihre Gäste gehören zur „jüngeren Generation" – sie bereits getestet wurden, ohne je gefragt oder später einmal darüber informiert worden zu sein. Die „ältere Generation" integriere ich immer gerne in diese Diskussion, indem ich sie frage, ob sie denn weiß oder gar zugestimmt hat, dass bei ihren Kindern eine solche Untersuchung routinemäßig durchgeführt wurde.

Am Ende dieses Kapitel würde ich gerne noch die Leser dieses Buches in die Kaste der Menschen erheben (so Sie der nicht ohnedies schon angehören), die wissen, dass die Aussage „dieser Mensch hat das Gen und ist daher krank" nicht richtig ist. Jeder Mensch besitzt jedes Gen. Männer haben daher auch das Gen für Brustkrebs; sie können sogar – sehr selten, aber doch – Brustkrebs bekommen. Wie oft musste ich bei Talkshows oder Fernsehinterviews die Frage ertragen: „Ich habe gehört, Sie haben das Gen – wie fühlen Sie sich?" Gerade so, als hätte man sich mit einem Virus angesteckt. Richtig muss es jedoch heißen: Jeder Mensch hat jedes Gen. Aber bestimmte Menschen können Mutationen (Veränderungen) in einem Gen aufweisen (spontan bekommen oder geerbt), die kausal mit einer Erkrankung im Zusammenhang stehen. So zum Beispiel: „Ich habe gehört, Sie haben eine Mutation im Brustkrebsgen …" Vielleicht lesen ja auch Talkmaster oder Moderatoren dieses Buch … Sonst müssen wir alle weiter zusammenzucken, wenn von Brustkrebsgenträgern die Rede ist (schließlich gehören wir alle dazu). Wichtig ist nur, dass wir auf Grund unseres nun erweiterten Wissens zusammenzucken können. Allerdings glücklicherweise die meisten von uns mehr über die falsche Wortwahl als darüber, dass wir selbst auch eine entsprechende Mutation haben.

Toupet, Sportwagen und die Selektion der Gene

Die Selektion

Wir sollten an dieser Stelle, da wir gerade bei „schönen" Kindern „schöner" Eltern waren, ob wir wirklich wollen oder nicht (ob uns dabei wohl ist oder nicht), noch den Begriff Selektion ansprechen. Ich habe bereits erwähnt, dass meiner Meinung nach die Begriffe „Mutation" und „Mutant" völlig zu Unrecht negativ behaftet sind (oder einfach wurden). Ganz Ähnliches gilt für den Begriff „Selektion", den viele Menschen heute noch untrennbar mit den Gräueltaten des nationalsozialistischen Regimes verbunden sehen. Ich habe bereits erläutert, dass das Wechselspiel zwischen Mutation und Selektion (Stichwort Birkenspanner) Voraussetzung dafür war, dass sich der Mensch evolutiv entwickeln konnte.

Mein erstes Auto war eine rote Ente. Heute fahre ich einen VW-Golf, der jetzt bereits nahezu 200.000 Kilometer auf dem Buckel hat. Zusätzlich ist er bereits seit einigen Jahren mit Tausenden von kleinen Beulen übersät. Ein Hagelsturm im Salzkammergut ließ seine Wut an diesem Auto aus. Ich habe aber eine durchaus auch sentimentale Bindung zu diesem Auto. Als ich meine Frau vor 14 Jahren kennen gelernt habe, war dieser Golf das Auto meiner Frau. Kennen gelernt haben wir uns übrigens im genetischen Labor, beide im weißen Mantel, mit Pipetten und Eppendorfgefäßen jonglierend, Wissenschaft betreibend. Das hat für das jetzt zu Erläuternde durchaus Bedeutung – Sie werden es nicht glauben. Ich erkläre es gleich. Aber zuerst zurück zu meinem Auto. Nachdem es mir jetzt gelegentlich passiert, dass dieser Golf mitten in der Stadt plötzlich abstirbt und meiner Werkstatt mittlerweile die Zeit und vor allem die Motivation fehlt, die Ursache dafür zu finden, spiele ich mit dem Gedanken, mir ein neues Auto zu kaufen. Meine Frau hat sich gerade ein neues gekauft – einen SUV. SUV bedeutet „Sport Utility Vehicle" und soll vielleicht eine Art Stadtversion eines Geländewagens darstellen. Aber das hat bis auf mich, der ich das erst vor kurzem verstand, ohnedies immer schon jeder gewusst. Bei einem Verwandtschaftsabendessen habe ich gegenüber meiner Mutter zum Ausdruck gebracht, dass es mit meinem aktuellen Auto zu Ende ginge und ich daher gerade überlege, welches Auto ich mir wohl anschaffen könne oder sollte. Ich habe alle wichtigen „technischen und praktischen" Argumente abgewogen. Nicht zu groß, da ich hauptsächlich in der Innenstadt unterwegs bin. Also vielleicht gar nicht notwendigerweise ein Viersitzer. Vielleicht ein Cabrio, da ich ohnedies wegen der doch so wichtigen frischen Luft äußerst gerne mit offenem Fenster fahre. Schnell, ja schnell sollte ich schon von A nach B kommen. Ich möchte schließlich stets pünktlich bei all meinen beruflichen Terminen sein, und abends will ich auch immer rechtzeitig zu Hause sein, um meine Kinder noch zu Bett zu bringen. Noch ehe ich überhaupt Wörter wie Sportwagen oder gar Porsche in den Mund genommen hatte, zischte meine Mutter in meine Richtung bedrohlich und in die Richtung meiner Frau beruhigend: „Das kommt überhaupt nicht in Frage! Das lassen wir nicht zu!" Ganz unabhängig einmal davon, dass die auch irgendwie doch beschränkende Frage „Woher das Geld nehmen?" vollkommen unklar war und wohl auch immer bleiben wird, entfachte sich sofort eine angeregte Diskussion. Es ging unmissverständlich nicht darum, dass ich etwa ein eitler Gockel wäre, der „irgendetwas" mit so einfältigen Statussymbolen präsentieren wollte ... Oder ging es etwa doch darum? Nein, ich habe das so verstanden, dass es auch „solche – du weißt schon welche" Frauen gibt. Es gibt, so sagt es meine Mutter, Frauen, für die ein Sportwagen, in den rein aus Platzmangel keine Kindersitze und Frauen in nur wirklich knappen Outfits hineinpassen, ein Signal darstellt. Das Signal nämlich einer gewissen Paarungs-, wenn auch nicht Fortpflanzungsbereitschaft des Lenkers. Und solche Signale habe ich, glücklich verheiratet und fortgepflanzt, auf gar keinen Fall zu versprühen. Basta! Nun, Gott und jeder Porschefahrer ist mein Zeuge, das wollte ich nun wirklich nicht. Dazu zu sagen wäre vieles. Einerseits wird mein nächstes Auto wieder ein Kleinwagen, höchstwahrscheinlich nicht einmal ein Cabrio, mal sehen. Andererseits ist diese Diskussion aus genetischer Sicht höchst interessant. Meine Mutter sprach's und sprach eigentlich von Selektion. Gemeint war, dass ein schnelles, großes Auto offensichtlich dem nicht gesellschaftsfähigen Brunftschrei der Elche, dem ins-Eck-Pissen der Löwen (nein, es war doch der Kampf der Rivalen) oder dem Federnzeigen der Pfauen gleichzusetzen ist. Selektion treibt schließlich die Frau. Der mit dem lautesten Brunftschrei, der den Rivalen besiegt oder der mit den schönsten Federn ist der Gesündeste. Er wird mir mit höherer Wahrscheinlichkeit gesunde, kräftige Nachkommen zeugen, er wird die Kraft haben, für die Nachkommenschaft zu sorgen usw. Dies gilt also auch für den Porschefahrer. Er wird mit höherer Wahrscheinlichkeit kräftig und gesund sein. Sein Wille, seiner Beifahrerin ein Kind zu zeugen, wird größer sein. Er wird mehr Zeit und Lust aufbringen, um für die Nachkommen zu sorgen. Das ist doch das aktuelle Bild von Porschefahrern in der Gesellschaft – oder habe ich da jetzt etwas verwechselt? Oder was hat Kompensation mit Selektion zu tun? Moment, die Selektion betreibt die Frau, haben wir gesagt. Vielleicht geht es in diesem Beispiel aber eher um die Frau selbst, um Brillantengrößen, Golfplatzeinschreibungen oder Kreditkartenrahmen und weniger um effektive Fortpflanzung sowie Brutpflege. Aber irgendwie geht es doch um das Durchsetzen des Stärkeren – oder vielleicht doch nicht? Ich weiß ganz sicher, und das sagt mir mein biologisches Fachwissen, dass es keinen Porschefahrer gibt, der sein Auto nur dazu hat, um „solche – du weißt schon welche" Frauen zu beeindrucken. Ich weiß ganz sicher, dass es keine Frauen gibt, die ihren Partner nur wegen seines

Porsches, seines Golfhandycaps oder seines Kreditrahmens lieben … Hm, vielleicht denke ich darüber doch noch einmal nach. Also was könnte Kompensation mit Selektion zu tun haben? Nun, wer vortäuscht, gesund, fortpflanzungsfähig und -willig sowie fürsorglich zu sein, obwohl er es nicht wirklich ist, hätte sich vielleicht auch einen Selektionsvorteil verdient – gerade so wie der Begattungsgierige, der all diese Attribute wirklich hat. Warum? Er ist vielleicht schlauer als viele andere seiner Rivalen am Bartresen. Er verwendet den Ansatz der Täuschung, um sich einen Selektionsvorteil zu verschaffen. Er lässt die zu Begattende so lange im Ungewissen über seine wirklichen Attribute, bis er erreicht hat, was er will. Die raffinierte Methodik der Täuschung zum Zwecke des Selektionsvorteils hat im neuen Jahrtausend ein neues Gesicht. Toupet und glänzender Schmuck an Stelle der Pfauenfedern, Bräunungsstudio, Face-Lifting und Zahnüberkronungen statt des Rivalenkampfs und eben der Sportwagen an Stelle des Brunftschreis. Ist Ihnen schon einmal die lautmelodische Ähnlichkeit zwischen einem Brunftschrei eines Elches und dem eines an der Kreuzung durchstartenden Sportwagenmotors aufgefallen? Wir sprechen doch sogar auch von einem röhrenden Elch und einem röhrenden Motor. Ich weiß zumindest, wovon ich spreche. Wenn ich auch mein Ziel klar verfehlt habe, als ich mit röhrendem, auffrisiertem Vespaauspuff mein Territorium rund um einen Kaffeehausgastgarten abstecken wollte und dabei lediglich die Aufmerksamkeit zweier Pensionistinnen erregte, die gerade Cappuccino mit extra Schlagobers schlürften und wegen des Gestanks und Lärms sofort mit der Polizei drohten. Keinerlei Verständnis für diesen gefinkelten pubertierenden Ansatz der Täuschung zum Zwecke des Selektionsvorteils! Es wäre falsch zu glauben, dieser Ansatz wäre vom Menschen „entwickelt" und „perfektioniert" worden. Auch im Balzverhalten der Tiere präsentieren Männchen oft Attribute, die nur auf der Packung draufstehen, aber nicht darin zu finden sind. Das Aufplustern des Federviehs täuscht einen Körperumfang vor, den das Weibchen später bei der gemeinsamen Zigarette vergeblich sucht. Grundsätzlich also schlau – nicht? Und alles nur zum Zwecke der Weitergabe und des evolutiven Erhalts seiner Gene. Aber da müsste Frauchen schon wirklich auf zwei Dinge gleichzeitig reinfallen? Erstens auf die Täuschung bezüglich gesund, fit und vital. Und zweitens auf die Täuschung bezüglich fortpflanzungswillig. Schließlich ist ein männlicher Mensch als Anwender dieses evolutiven Tricks genauso wenig notwendigerweise gesund, fit und vital wie fortpflanzungswillig. Denn in einem hat die Evolution den Menschen schon irgendwie von den anderen Säugetieren getrennt: Ich spreche von der Entkopplung von Sex und Fortpflanzung. Wohingegen der Gedanke, gerade Nachkommen zu zeugen, also seine Gene zu streuen, das Glücksgefühl des Bullen bei der Ejakulation noch steigert, liegt die Sachlage beim menschlichen Begatter im tierischsten der Momente wirklich ganz anders. Oder denken Sie nur an die typische mittelalterliche Ejaculatio praecox (den verfrühten Samenerguss), wenn die Gespielin am Beifahrersitz (Rücksitze gibt es ja bei solchen Sportwagen nicht) stöhnt: „Nicht, nicht … Ich verhüte nicht." Eine zusätzliche Steigerung des Glücksgefühls schließe ich für die weit überwiegende Mehrheit männlicher Sportwagenfahrer aus. Meine ganz persönliche Interpretation dieses evolutiven Tricks ist, dass das menschliche Weibchen das Männchen nur in dem Glauben lässt, sie wäre so dumm, um auf seine Täuschungen reinzufallen. Solange er glaubt, er ist ein toller Hecht in seinem Teich und das wiederum der Frau zur Erfüllung ihrer ganz eigenen Zwecke so recht ist, wird sie es zulassen. Das ist der echte evolutive Trick daran!

Was ist es also, wonach heute der Mensch seinen Partner selektioniert? Und ich weiß, Sie haben erkannt, dass ich den Begriff Selektion jetzt bereits schleichend, aber kompromisslos im Zusammenhang mit heute ständig stattfindender Partnerwahl eingeführt habe. Es besteht überhaupt kein Zweifel, dass sich jeder von uns seinen Partner, seine Partnerin genau aussucht. Bereits beim ersten „ich glaube, wir kennen uns" in der düsteren Umgebung des Bartresens blitzen uns unsere Kriterien zum sofortigen Abgleichen durch den Kopf: körperliche Kriterien – Gesundheit, Kleidung, Autoschlüssel – Vermögen, Ringfinger – Familienstand.

Was (und warum gerade das) macht einen Mann für eine Frau attraktiv? Was und warum versucht ein Mann bei gerade diesem Frauentyp zu landen? Warum sind wir gerade heute so selektiv? Jeder von uns trägt ein Idealbild eines Partners in sich. Die Voraussetzungen und Grundlagen dafür, wie dieses Bild bei jedem Einzelnen zu Stande kommt, sind natürlich unterschiedlich. Die Frage ist aber vielmehr: Worauf zielen sie ab? Im Tierreich geht es, wie oben bereits erläutert, um Gesundheit, um die Weitergabe „guter Gene", ums Überleben der Nachkommen folglich. Und um den Egoismus, die Weitergabe der eigenen Gene betreffend. Irgendwie ist das auch bei uns Menschen heute noch so. Eine kluge, liebe, gesunde, schöne, junge Frau mit gebärfreudigen Rundungen und großer Oberweite bringt für die Vermischung mit meinen eigenen Genen eine höhere Wahrscheinlichkeit (wenn auch keinerlei Garantie) für gesunde, kluge Kinder (wir besinnen uns auf das Beispiel mit dem neu zu besiedelnden Teich). Ihre Karten, Kinder zu gebären und unter Einsatz der säugetiercharakteristischen Mittel zu ernähren, sind gut. Die Liebe und Fürsorge, die sie unseren gemeinsamen Kindern entgegenbringen wird, stimmt äußerst zuversichtlich, dass meine Gene Bestand für die Ewigkeit haben, indem ich sie bei meinen Enkeln wieder finden kann. Das ist der einzige, wirklich einzige Grund, warum wir Männer uns nach Hybriden aus Angela Merkel und Pamela Anderson sehnen. Wichtig, äußerst wichtig, ist hier allerdings der Verteilungsschlüssel: Ich weiß, die meisten Männer denken gerade an den Intellekt von Angela Merkel und an die Rundungen von Pamela Anderson, nicht etwa umgekehrt. Marilyn Monroe, angenommen, trifft auf Albert Einstein. Ganz begeistert von seinem Genie, fragt sie Einstein, ob es nicht wunderbar wäre, gemeinsam Kinder zu haben: so schön wie sie und so klug wie er.

Einstein antwortet: „Und was machen wir, wenn unsere Kinder so klug wie Sie und so schön wie ich sind?"

Genetische Vielfalt als Schlüssel zum Erfolg

Es sind also biologische Faktoren, die uns bei der Partnerwahl so maßgeblich beeinflussen. Eine junge, gesunde Frau mit gebärunterstützenden Rundungen verspricht die größten Chancen für eine erfolgreiche Weitergabe der Gene des Mannes. Warum aber dann aktuelle Schönheitsideale wie abgemagerte Knochengerüste als Models auf den Laufstegen bei Haute-Couture-Schauen in Paris oder Mailand? Und was ist dazu zu sagen, dass das Durchschnittsalter der Frau bei der Geburt der Nachkommen in den letzten fünfzig Jahren extrem angestiegen ist? Zu Letzterem lässt aus genetischer Sicht in der Tat sehr viel sagen. Wir kommen darauf noch einige Seiten später in diesem Buch zurück. Viel besprochen sind auch Vermögen, Karriere, Ansehen und Macht des Mannes als Licht für die weiblichen Motten der menschlichen Gesellschaft. Diese Eigenschaften und Parameter könnten so interpretiert werden, dass Überleben und Weiterkommen der gemeinsamen Genträger bei solch einem Vater und Erhalter gesicherter sind. Auch meine Unterstellung, dass „solche – du weißt schon welche" Frauen eigentlich nur ihr eigenes Wohlbefinden, reflektiert durch Brillantengrößen, Golfplatzeinschreibungen und Kreditkartenrahmen, im Sinn haben könnten, muss überdacht werden. Eine Frau, die keine finanziellen Sorgen kennt, kann sich wesentlich besser und konzentrierter um die Brut kümmern. Warum aber hat dann meine Frau „ja" zu jemandem wie mir gesagt, als ich zwar Akademiker, jedoch mittellos, joblos, planlos und verliebt bloß war? Es scheint so, und das gibt Hoffnung, dass Liebe und Gefühl des Menschen nicht unbedingt Maß an Evolutions- und Selektionsvorteilen nehmen. Ob das gut für die Gattung Mensch ist, wird sich erst (oder auch nie) zeigen – schön ist es allemal. Oder sie tun es so versteckt, dass wir es gar nicht mehr wahrnehmen. Oder vielleicht spürt unser Herz oft einfach etwas, das wir nicht nennen könnten und von dem wir auch daher keine Ahnung haben, wie es einen Selektionsvorteil darstellen könnte, das aber trotzdem vielleicht irgendwann unter irgendwelchen Umständen von Vorteil sein könnte.

Ich weiß, das scheint jetzt eher unrealistisch. Gerade innerhalb meiner Wissenschaft ist der Glaube auch oft der Feind des Wissens. Aber trotzdem: Der Mensch ist Produkt des Wechselspiels zwischen Genen und Umwelt – das haben wir bereits mit einem Magneten auf den Gedankenkühlschrank, den wir in diesem Buch ständig öffnen und wieder schließen, geheftet. Das Birkenspanner-Beispiel lehrt uns, dass die Bedeutung von genetischem Rüstzeug in einer neuen, veränderten Umwelt eine ganz andere sein kann. Was vorher von Vorteil war, kann dann von Nachteil sein und umgekehrt. Es ist doch aber auch klar, dass sich unsere Umwelt in den letzten Jahrzehnten extrem geändert hat. Ich rede jetzt nicht von globaler Erwärmung oder dem Artensterben. Warum eigentlich nicht? Ich muss immer an die viel banaleren Dinge denken, die mein Großvater in meinem Alter noch nicht kannte und die für mich und meine Kinder heute Selbstverständlichkeiten sind. Ich spreche von Nahrungsmitteln wie Big Mäcs, von den neuen Kleidungsmaterialien, von Handystrahlen oder von den Medikamenten, die ich bereits ohne weiter nachzudenken gegen Kopfschmerzen einnehme. Als Gregor Mendel vor gut hundert Jahren die Gesetze der Genetik an Erbsen entdeckte, war sein Körper mit all diesen Faktoren einfach nicht konfrontiert. Die Umwelt hat sich in diesen hundert Jahren enorm verändert. Und die Gene des Menschen? Hätte der Mensch eine Reproduktionszeit von 20 Minuten, wie es Bakterien haben, könnten wir uns darüber unterhalten, welche Mutationen (genetischen Veränderungen) sich heute bereits durchgesetzt haben, weil sie sich eben in dieser neuen Umwelt schon als vorteilhaft herausgestellt haben. Hundert Jahre sind beim Menschen aber gerade einmal drei, vielleicht vier Generationen. Es leuchtet ein, dass viel, viel längere Zeiträume überblickt werden müssten, um solche Fragen auch nur ansatzweise „menschlich" betrachten zu können. Eines ist aber auch klar. Wir wissen heute nicht, welches genetische Rüstzeug des Menschen eines Tages in den noch ungewissen Umwelten, die da noch kommen mögen, von Vorteil und welches von Nachteil sein wird. Das nur für all jene, die es heute glücklicherweise nur mehr sehr spärlich gibt, die glauben, den genetisch optimalen Menschen zu kennen. Wenn man diesen Gedanken zu Ende denkt, dann muss man eigentlich zu dem Schluss kommen, dass eine höchst mögliche genetische Vielfalt auch die größten Chancen verspricht, für all die noch kommenden Umwelten gerüstet zu sein. Das Vermischen von genetischen Anlagen möglichst wenig verwandter Menschen erlaubt höchste genetische Vielfalt. Umgekehrt ist Fortpflanzung zwischen nah Verwandten aus genetischer Sicht keine gute Idee. Wir haben uns sowohl in der „Einleitung" als bei den „schlummernden Anlagen" bereits darüber unterhalten, was ein eingeschränktes Fortpflanzungsspektrum für Konsequenzen haben kann. Jeder Mensch verfügt über mehrere schlummernde „kranke" Anlagen, die bei ihm oder ihr nicht ausbrechen, weil noch eine zweite „gesunde" Anlage dafür vorhanden ist. Zum Ausbruch kommen diese Merkmale nur dann, wenn beide Anlagen eines Menschen dafür, also die mütterliche und die väterliche, „krank" sind. Zwei enger miteinander Verwandte zeigen aber eine viel höhere Wahrscheinlichkeit, die gleichen „kranken" Anlagen zu haben – deren Nachkommen also auch ein viel größeres Risiko, an der dadurch ausgelösten Krankheit auch wirklich zu erkranken. Neben ethischen, psychologischen und vielen anderen Begründungen sind es durchaus auch genetische Aspekte, die zu der gesetzlichen Ächtung von Inzest zwischen Vater und Tochter, Mutter und Sohn oder Bruder und Schwester geführt haben. Fortpflanzung zwischen Cousin und Cousine sind aber auch heute noch keineswegs Seltenheit. Auch ein eingeschränktes Fortpflanzungsspektrum auf Grund bestimmter religiöser Zugehörigkeiten gehört auch heute noch zur weltweiten Tagesordnung. Für all diese Fälle gilt (und ist auch unzählige Male wissenschaftlich nachgewiesen worden) ein erhöhtes Risiko für das immer wieder bemerkbare Auftreten ganz bestimmter genetischer Erkrankungen. Das ist einfach so. Umgekehrt könnte man sich darum den Worten anschließen, die ich einmal während einer humangenetischen Tagung vernommen habe: Wenn auch klar ist, dass die Einführung von Auto und Flugzeug viele Gefahren für den Menschen brachte, die Zunahme an Mobilität kann für das Erreichen höherer genetischer Vielfalt evolutiv vielleicht einmal von Vorteil sein. Gemeint war hier natürlich nicht der Sportwagen als Brunftinstrument. Gemeint war vielmehr, dass diese Mobilität mich von meinem Hochplateau oder dem Mühlviertel in Regionen verschlug, in denen ich potenzielle Partnerkandidaten kennen lernen konnte, die sonst für mich für immer im Verborgenen geblieben wären. Innerhalb amerikanischer, deutscher und österreichischer Labyrinthe an Laborgängen traf ich auf meine deutschstämmige Frau. Ich habe Ihnen ja prophezeit, dass selbst der (Zu-)Fall meiner eigenen Fortpflanzung in diesem Buch immer wieder als relevantes Beispiel strapaziert werden könnte. Eine Frage, die ich häufig gestellt bekomme, betrifft die eventuelle Möglichkeit, dass zwei Menschen wegen ihrer Gene nicht zusammenpassen. Gibt es das? Bei längerem unerfülltem Kinderwunsch tritt diese Frage öfter ins Rampenlicht. Ich kann Sie an dieser Stelle vollständig beruhigen, das gibt es so nicht. Selbst das Aufeinandertreffen der wohl extremsten Unterschiede genetischer Konstellationen, wie der von Deutschen und Österreichern, ist fortpflanzungsfähig, wie das Beispiel meiner Frau und mir zeigt.

Der Apfel fällt nicht weit vom Stamm

Die Chancen für die Nachkommen

Der Mensch ist also ein Produkt zufälliger Neuverteilungsprozesse elterlicher genetischer Anlagen. Dies gilt nicht nur für den Menschen, sondern auch für sehr, sehr viele Tiere. Niemand kann vorhersagen, was in der nächsten Generation dabei herauskommt. Wir haben gesagt, dass für die Nachkommen aus den beiden „Genteichen" der Eltern gefischt wird. Natürlich sind die Chancen (oder sollten wir lieber von Risiken sprechen?) hoch, auch Merkmale und Eigenschaften der Eltern zu erhalten. Garantien aber gibt es dafür keine. Einerseits, so haben wir festgestellt, deshalb nicht, weil eben eine vollständige Neudurchmischung der genetischen Anlagen erfolgt. Andererseits aber auch darum nicht, weil bei den Eltern noch schlummernde Gene durchaus bei deren Kindern zum Ausbruch kommen können. Gut, das wissen wir schon. Wir schon, aber andere offensichtlich nicht.

Wie sonst wäre Folgendes zu erklären: Paaren, denen es leider versagt bleibt, auf natürlichem Weg Kinder zu bekommen, kann in vielen Fällen heute bereits durch künstliche Befruchtung geholfen werden. Ist das Spermiogramm des Mannes schlecht (was aus noch ungeklärten Gründen stark im Zunehmen ist) oder sind zum Beispiel die Eileiter der Frau verschlossen, so lässt sich die Befruchtung der Eizelle durch die Samenzelle auch außerhalb des Körpers vornehmen. Dafür wird die Frau mit Hormonen stimuliert, um mehrere Eizellen in einem Monatszyklus zu produzieren und dadurch die Erfolgschancen zu erhöhen. Normalerweise produziert die Frau ja nur eine Eizelle pro Zyklus, gelegentlich zwei, noch seltener drei … Wenn beide Eizellen auf natürlichem Weg durch zwei verschiedene Samenzellen befruchtet werden, entstehen so genannte zweieiige Zwillinge. Zweieiige Zwillinge sind dadurch genetisch miteinander verwandt wie alle anderen Geschwister auch – nicht mehr und nicht weniger. Im Zuge der künstlichen Befruchtung werden die Eizellen nach Hormonstimulation durch Punktion gewonnen und schließlich außerhalb des Körpers je mit einer „guten" Samenzelle (soweit man das sagen kann) befruchtet, weil die Samenzellen nicht vital genug wären, ihren Weg zur Eizelle im Körper der Frau zu finden oder die verschlossenen Eileiter der Frau das gar nicht zulassen würden. Nach der Befruchtung können schließlich die auf diese Weise entstandenen Embryonen der Frau in die Gebärmutter eingesetzt werden und man darf auf das Eintreten und Halten einer Schwangerschaft hoffen. Manchmal aber produziert der Mann überhaupt keine Samenzellen. Oder die Frau weist keinerlei Eizellentwicklung auf. Oder die Frau kennt keinen Partner. Oder sie kennt einen, von dem sie auf natürlichem Weg ein Kind möchte, hat ihn aber nicht – oder er kennt sie überhaupt nicht. Letzteres frei nach dem Tratsch zwischen zwei alten Freundinnen: „Ich würde gerne wieder einmal mit George Clooney schlafen." „Hast du etwa schon einmal mit Clooney geschlafen?" „Nein, aber ich wollte schon einmal."

In all diesen Fällen ist es möglich, Eizellen oder Samenzellen einer anderen fremden Person gespendet zu bekommen. In Österreich oder Deutschland ist zwar die Fremdsamenspende erlaubt, die Eizellspende aber nicht. Das hat schon zu vielen Diskussionen geführt. Ein Grund dafür liegt sicher auch im so unterschiedlichen medizinisch-technischen Vorgang der Spenden. Die Frau muss, um eine Eizelle zu spenden, hormonstimuliert werden und den invasiven Eingriff der Eizellpunktion, was beides nicht vollständig ohne Risiko ist, über sich ergehen lassen. Der Mann aber tut sich bei der Spende seiner Keimzellen aus bekannten Gründen wesentlich leichter. In Italien war die Eizellspende bis vor kurzem noch erlaubt, wurde aber unlängst per Gesetzesnovelle wieder verboten. In den USA ist aber beides – Eizellspende und Samenspende – erlaubt. Warum ich Ihnen das alles erzähle? Wenn jemand auf solch eine Spende zurückgreifen möchte, so steht ihm/ihr in den USA ein ganzer Industriezweig zu Verfügung. Im Internet werden Eizellen und Samenzellen von verschiedensten Spendern offeriert. Fotografien von Gesicht und Körperbau der Spender sind dort genauso einzusehen wie Gesundheitsstatus, Krankheiten in der Familie, Intelligenzquotient, Schulnoten, Ausbildungsgrad, beruflicher Werdegang, Hobbys, Verhaltenscharakterisierungen oder besondere Talente. Die Samenspender werden kategorisiert in „blond und lebensfroh", über „intellektueller Schweiger" bis zu „musikalischer Fantast". Für jeden ist etwas dabei. Viel wichtiger noch ist aber die Qualitätseinstufung. Umso höher die Spender eingestuft werden, umso teurer sind auch die Ei- oder die Samenzellen. Dies wirkt sich auf die Geldbörsen der Empfänger negativ und auf die Geldbörsen der Spender äußerst positiv aus. Die Bandbreite der Preise ist groß, beginnt bei wenigen Dollars und geht, wie es Schweizer Uhrfabrikanten gerne so gewählt ausdrücken, bis in den Bereich höchster Diskretion. Man weiß etwa um wunderschöne Studentinnen, die ihr gesamtes Studium durch eine Unzahl an Eizellspenden finanziert haben. Es wird von Männern berichtet, die Teile ihres stählernen Muskelbaus ausschließlich durch den Akt der Samenspende selbst in Training halten und nahezu davon leben. Für wieder andere Spender scheint das Geld aber wiederum von nebensächlicher Bedeutung zu sein. Warum sonst sollten sich Prominente, Spitzensportler, Spitzenwissenschafter oder Topmanager dafür zur Verfügung stellen? Vielleicht ähnlich dem streunenden Einzelgänger in der Tierwelt, der einfach weibliche Mitglieder eines ihm fremden Rudels bespringt und sich befriedigt in die Steppe zurückzieht – beflügelt von einer Unsterblichkeit, die er gerade durch „Versprühen" seiner Gene erlangt hat. Wie auch immer. Die Frage ist, warum bezahlen Empfänger so viel dafür, wenn sie doch eigentlich keinerlei Garantien haben? Sicherlich, aus all dem bisher

Gesagten wissen wir, dass die Chancen etwas besser dafür stehen, dass der Wissenschafter ein Genie zeugt oder der Blickfang ein Model. Aber es kann eben auch ganz anders kommen. Die Frage ist, ob die dahinter stehende „Industrie" großes Interesse daran hat, dass die potenziellen Kunden um die fehlende Garantie wissen.

Die Chancen für die Kinder zu erhöhen, lautet der Wunsch der zukünftigen Eltern. Die Gehörlosigkeit stellt eine Erkrankung dar, für die es auch ganz bestimmte genetische Anlagen gibt. Wenn auch diese genetischen Komponenten heute noch nicht vollständig aufgeklärt sind, so weiß man doch, dass zwei gehörlose Eltern ein wesentlich höheres Risiko haben, wieder gehörlose Kinder in die Welt setzen (sie können durchaus aber auch hörende Kinder bekommen). Ein höheres Risiko, oder höhere Chancen für gehörlose Nachkommen? Diese Frage scheint wohl auch bis zu einem gewissen Grad noch von der jeweiligen Perspektive abzuhängen. Aufsehen erregt hat ein lesbisches Paar in den Vereinigten Staaten. Die beiden lesbischen und gehörlosen Frauen wollten ihre Partnerschaft um ein Kind ergänzen. Eine der beiden Frauen sollte dafür mittels gespendetem Samen künstlich befruchtet werden. Hier geht es noch gar nicht notwendigerweise um Hormonstimulation, Eizellpunktion, extrakorporale Befruchtung und Embryotransfer in die Gebärmutter, wie oben beschrieben. Da die Frau problemlos auf natürlichem Weg ein Kind bekommen könnte, reicht in diesem Fall eine oft selbst durchgeführte Insemination aus. Nicht selten auch als Höhepunkt eines lesbischen Liebesakts innerhalb der Partnerschaft, wird dann das gekaufte, gespendete Samenejakulat an Ort und Stelle gebracht. Ich möchte an diesem Punkt nicht missverstanden werden. Ich selbst bin im Bereich der künstlichen Befruchtung als Genetiker tätig und als Biologe keinesfalls in der Lage, an Homosexualität etwas Verwerfliches oder gar Unnatürliches zu finden. Was die Natur als Teil ihres Spektrums bietet, kann per se nicht unnatürlich sein. Um das soll es in diesem Beispiel auch wirklich nicht gehen. Das

Besondere des oben beschriebenen Falls war vielmehr, dass diese beiden Frauen unbedingt Samen eines gehörlosen Spenders für die Befruchtung einsetzen wollten (und auch getan haben), um damit die Chancen auf Gehörlosigkeit bei ihren Nachkommen zu erhöhen. Gehörlosigkeit – für den einen also eine Krankheit. Ein extrem hoher wissenschaftlicher Aufwand wird weltweit betrieben, um diese Erkrankung zu verstehen, eventuell zu therapieren, auf jeden Fall aber, um die Lebensqualität dieser Menschen so hoch wie nur irgend möglich zu halten. Gehörlosigkeit – für andere ein Lebensgefühl, eine Identität, die Zugehörigkeit zu einer Elite, die sogar in eigens dafür etablierten amerikanischen Eliteuniversitäten ausgebildet wird, ein erstrebenswertes Ziel folglich. Fragen, wie: Was ist für wen unter welchen Umständen eine Krankheit und was nicht oder: Was muss der Staat regeln beziehungsweise was dürfen Eltern für und über ihre Kinder bestimmen, sollen erst später in diesem Buch angesprochen werden. Es erscheint in solchen Fällen äußerst schwierig, die Idee zu verwirklichen, dass die demokratische Mehrheit über die Wünsche und Sorgen des Individuums entscheidet. Wenn Demokratie völlig unumstritten auch der beste Weg ist, nicht immer bildet sie die optimale Lösung. Wenn fünf in einem Boot fahren und beschließen, einen über Bord zu werfen, so haben sie für diese Entscheidung eine Mehrheit. Eine demokratische Mehrheit, von der jede europäische Partei heute träumt. Ethisch ist es deshalb noch lange nicht. Ich habe dieses Beispiel hier gebracht, um von dem großen Drang vieler Eltern, vieler Menschen zu erzählen, durch selektive Auswahl des elterlichen Genpools (der elterlichen Teiche, Sie erinnern sich) die Chancen für ihre Kinder zu beeinflussen. Selbst wenn man weiß, dass die Genetik dafür keine Garantien bereithält.

Dieser Drang ist in uns verankert, spätestens seitdem der Mensch sich das Wissen um höhere Chancen ohne Garantien in der Pflanzenzucht oder in der Tierzucht zu Nutze macht. Und das tut er schon lange, sehr lange. Begonnen hat das wohl wahrscheinlich bereits bei der Domestikation bestimmter Pflanzenarten. Um die nächstjährige Ernte am Feld wieder möglichst ertragreich zu gestalten, säten schon unsere Urahnen Samen der besten Pflanzen. Ernten kann man bekanntlich nur, was man sät. Manchmal aber auch zusätzliche Dinge, die man in dem Samen gar nicht vermutet hätte. Dass jede Pflanze daraufhin dem gewünschten Maßstab entspricht, hat sich schon damals nicht wirklich jemand erwartet. Wenn in Europa heute Tausende von Jungstieren und -kühen durch künstliche Befruchtung (auch in diesem Fall handelt es sich um Insemination und nicht um Befruchtung außerhalb des Körpers) ihrer Mütter Nachkommen eines einzigen Stieres sind, dann wohl genau aus demselben Grund. Nimmt man Samen des einen Zuchtbullen, stehen die Karten für höhere Erträge in der Fleischzucht besser; nimmt man Samen eines anderen, so verbessert man die Chancen für die Milchwirtschaft. So geht das, keine Frage. Wenn wir den Eindruck haben, dass durch die gezielte Fortpflanzung der schnellsten (und daher auch sagenhaft teuren) Rennkamele in Dubai nur wieder schnelle Rennkamele geboren werden, vernachlässigen wir die Tatsache, dass weniger schnelle oder gut gebaute Kamele einfach ausselektioniert werden. Ein Faktum, das auf dem Manko an genetischen Garantien beruht, und mit dem wir uns in der Tierzucht (aber eben nur in der Tierzucht) abfinden (können).

Wie der Vater, so der Sohn

Alles bisher Gesagte ist Voraussetzung für das nun Kommende. Die Gene sind Bleistift und Papier, aber die Geschichte schreiben wir selbst. Dieses von Genetikern seit Jahren oft zitierte Bild steht für das wissenschaftliche Faktum, dass der Mensch Produkt seiner Gene und seiner Umwelt zugleich ist. Der Mensch lässt sich nicht auf seine Gene reduzieren. Aber was bedeutet das für unsere Diskussion? Es muss uns klar werden, dass die Anteile dieser beiden wechselwirkenden Komponenten, Gene und Umwelt, bei der Entwicklung jedes einzelnen Merkmals, jeder einzelnen Eigenschaft des Menschen unterschiedlich sind. Einmal überwiegt die Umwelt, einmal ist die Genetik dominierender, und einmal stehen diese beiden Kräfte sozusagen gleich stark gegenüber. Wir haben etwa schon von Krankheiten gehört, die durch Mutationen in einem Gen ausgelöst werden. Sehr oft ist in diesen Fällen die Genetik äußerst dominierend, wenn auch selbst hier niemals ganz allein entscheidend. Demgegenüber könnte man die Frage stellen, ob die Wahrscheinlichkeit, dass jemand ein Schleudertrauma im Zuge eines Autounfalls erleidet, auch genetisch und von den Eltern vererbbar ist. Solch ein Schleudertrauma steht im Spektrum der Erkrankungen wahrscheinlich ganz am anderen nicht genetischen Ende. Wenn auch selbst hier bestimmte nicht bekannte familiäre Genanlagen für Unkonzentriertheit, Sekundenschlaf oder Ähnliches auch eine geringfügige Rolle spielen könnten. Durchaus richtig, wenn Sie jetzt denken, das wäre weit hergeholt. Aber wie hoch der genetische Anteil und wie hoch der Anteil der Umwelt wirklich ist, stellt eine lodernde und ständig neu entfachende Diskussion für jede Erkrankung des Menschen dar, aber eben auch für jedes einzelne Merkmal, für jede Eigenschaft, für jedes Talent, für jede Neigung – für einfach alles, was den Menschen zum Menschen macht. Wir werden uns mit vielen dieser Fragen noch im Einzelnen beschäftigen: mit genetischen Anlagen für Intelligenz, für Homosexualität, für Religiosität, für Fußball-Talente, für musikalische Genialität und anderes mehr.

Zuerst einmal: Wie kommt man überhaupt auf die Idee, dass auch Talente, Neigungen, Eigenschaften des Menschen durch Gene mitbestimmt werden können? Ganz einfach, indem man sein eigenes Talent, Witze zu erzählen, bei seiner Tochter wieder findet oder indem die Mutter sicher ist, dass die Sturheit nur vom Vater kommen kann. „Familiäre Häufungen" lautet das Schlagwort schlechthin in diesem Zusammenhang. Familiäre Häufungen – was ist damit gemeint? Ganz grundsätzlich könnte man sagen, dass ein Merkmal, eine Eigenschaft, die starke Wurzeln auch in der Genetik hat, eigentlich zumindest hin und wieder in Familien gehäuft vorkommen muss. Wir haben bereits gehört, dass gehörlose Menschen ein bis zu fünfzigprozentiges Risiko haben, wieder gehörlose Kinder in die Welt zu setzen. In solchen Familien werden daher viel häufiger gehörlose Kinder zur Welt kommen als in der Normalbevölkerung, weil die Gene eine wichtige Rolle hierbei spielen. Es gibt Familien, in denen sehr viele sehr große Mitglieder in Erscheinung treten, und es gibt Familien mit gehäuft kleineren Mitgliedern. Also spielt bei der Körpergröße sicher die Genetik auch eine Rolle. Der Schluss wäre: Immer, wenn man familiäre Häufungen beobachten kann, müssen die Gene eine wichtige Rolle spielen. Das ist aber keineswegs so! Familiäre Häufungen können zwar ein Hinweis für genetische Anlagen sein, sind aber auf keinen Fall ein Beweis dafür. Meine Familie ist von einer „vererbten" Form einer Allergie geplagt – der Hausstauballergie. Wenn ich persönlich nur einen Staubsauger höre, muss ich schon den Raum verlassen. Dinge wie Staubwischen, Teppichklopfen oder Bettenmachen sind mir aus medizinischen Gründen einfach nicht möglich. Ich würde eine nahezu lebensbedrohliche allergische Reaktion riskieren. Ich habe mich schlau gemacht. Mein Vater leidet an derselben Erkrankung! Auch meine Brüder haben diese Anlagen! Ich habe meine Mutter gefragt. Sie ist von dieser Allergie nicht betroffen. Zumindest ist ihr beim Staubwischen etc. nie etwas dergleichen aufgefallen. Es gibt also einen klaren Hinweis, dass nur die Männer in unserer Familie betroffen sind. Auch meine Recherchen bei meinen Onkeln und Tanten unterstützen diese Annahme. Nun gibt es in der Vererbungslehre in der Tat einen Erbgang, bei dem nur Männer von der Erkrankung betroffen sind. Diesem so genannten X-chromosomal rezessiven Erbgang folgt zum Beispiel die Bluterkrankheit (Hämophilie). Was auch dazu geführt hat, dass die in den bestimmten Herrscherhäusern anzutreffende familiäre Häufung der Bluterkrankheit nur die männlichen Nachkommen betroffen hat.

Der Beweis für meine Familie ist erbracht: Eine X-chromosomal vererbte Form der Hausstauballergie in unserer Familie also! Äußerst gefährlich! Putzverbot auf Krankenschein! Allerdings bedauerlicherweise nur so lange, solange ein Mitglied unserer Familie nicht den fatalen Fehler begeht, eine Genetikerin zu heiraten. Aus der Traum. Nachdem meine Frau sehr wohl weiß, dass es keine bekannten genetischen Anlagen für solch eine Neigung gibt, hat sie mir gnadenlos den Staubsauger in die Hand gedrückt. Überraschenderweise blieb die kolportierte allergische Reaktion aus. Ich bin geheilt! Halleluja! Wir fassen also zusammen. Nur weil etwas in Familien gehäuft vorkommt, spielen die Gene noch nicht notwendigerweise eine wichtige Rolle. Obwohl es in so manchen Fällen ein guter erster Hinweis war.

Identische Genanlagen in verschiedenen Menschen

Nun gut, wenn die Familienbeobachtung alleine nicht wirklich und schon gar nicht immer greift – was dann? Der wesentlich wissenschaftlichere Ansatz für die Frage, was oder wie viel wovon genetisch mitbestimmt ist, ergibt sich aus einem immer wieder faszinierenden Experiment der Natur. Der Mensch ist also ein genetisches Zufallsprodukt. Jeder von uns verfügt über ein ganz individuelles genetisches Rüstzeug. So haben wir es bisher besprochen. Aber gilt das immer und für jeden Fall?

Die ursprünglichen Theorien zur Entstehung von Zwillingen waren so vielfältig wie spannend wie falsch. In Malaysia ging man davon aus, dass Zwillinge entstehen, wenn die Mutter zusammengewachsene Kastanien oder Hirsesamen isst. In Südkorea hat man diese magische Kraft zusammengewachsenen Bananen zugeschrieben. In den heutigen USA scheinen noch viele Menschen zu glauben, dass Doppeldecker-Big-Mäcs diese Power haben (Letzteres ist natürlich eine deplatzierte, völlig von mir erfundene Anmerkung). Südamerikanische Indianerstämme meinten vor langer Zeit, dass Zwillinge dadurch entstünden, dass die Mutter während der Wehen auf dem Rücken liegt, wodurch sich das Kind im mütterlichen Körper teilt. Eines war auch schon damals all diesen Annahmen gemein und auch richtig: Es gibt Zwillinge, die sich zum Verwechseln ähnlich sehen, und solche, die sich nicht mehr gleichen als andere Geschwister. Die biologische Entstehung Letzterer, so genannter zweieiiger Zwillinge, haben wir schon besprochen. Zwei in einem Monatszyklus reifende Eizellen der Mutter werden von zwei verschiedenen Samenzellen des Vaters befruchtet. Genetisch sind diese beiden Zwillinge nicht näher verwandt als Geschwister, die Jahre versetzt das Licht der Welt erblicken. Ich kann an dieser Stelle nicht umhin, Ihnen eine skurrile Geschichte zu erzählen. Ich erzähle Ihnen von zwei Männern, der eine weißhäutig und der andere dunkelhäutig, die felsenfest behaupten, Zwillinge zu sein. Ständig wurden sie verspottet, ja sogar angefeindet wegen ihrer Aussage, dass sie zur gleichen Zeit im Körper ihrer Mutter herangewachsen waren und auch denselben Geburtstag hatten – eine ganz normale Zwillingsschwangerschaft also. Ist so etwas möglich? Ja! Die beiden Eizellen der Mutter werden zwar im selben Monatszyklus befruchtet, der genaue Zeitpunkt, wann jedes dieser beiden Eier befruchtet wird, kann aber durchaus unterschiedlich sein. Sollte die Frau also, bei der in einem Monatszyklus zwei Eier herangereift sind, innerhalb kürzerer Zeit das Glück gehabt haben, einmal mit einem weißhäutigen und einmal mit einem dunkelhäutigen Partner den Polster zu teilen, ist es durchaus möglich, dass eine Samenzelle des ersten Partners die eine Eizelle und eine Samenzelle des zweiten Partners die zweite Eizelle befruchtet. Die Mutter wird für zweieiige Zwillinge schwanger, die nicht vom selben Vater stammen. In dem oben genannten Fall kurioserweise sogar einmal von einen weißhäutigen und einmal von einem dunkelhäutigen Vater. Sagen Sie in der Genetik niemals nie.

Von besonderem Interesse für die Zwillingsforschung sind aber eineiige Zwillinge. Wie entstehen die? Es reift nur ein Ei heran, das wird von einer Samenzelle befruchtet – ganz so wie immer. Bei der Entstehung eineiiger Zwillinge teilt sich aber während der weiteren Entwicklung der solcherart entstandene Embryo noch einmal in zwei Embryonen auf. Diese beiden Embryonen sind damit durch Teilung aus einem einzigen hervorgegangen. Dies kann nur sehr früh in der Embryonalentwicklung passieren. Geschieht es noch später, so kann es dazu führen, dass sich die Embryonen nicht vollständig teilen. Diese Embryonen bleiben an beliebigen Stellen miteinander verwachsen und es entstehen siamesische Zwillinge. Siamesische Zwillinge sind daher immer eineiig. Wenn eineiige Zwillinge aus ein und demselben Embryo durch Teilung hervorgehen, dann müssen sie auch immer alle Gene identisch haben. Eineiige Zwillinge sind, was ihre Gene anbelangt, stets vollkommen identisch. Sie sind natürlich entstandene Klone. Das ist das an dieser Stelle so Interessante daran. Einerseits haben wir gerade auf einfachste Weise bewiesen, dass der Mensch eben wirklich nicht auf seine Gene reduzierbar ist. Wer käme auf die Idee, bei eineiigen Zwillingen, nur weil sie genetisch vollkommen identisch sind, von nur einem Menschen zu sprechen und nicht von zwei? Wer würde meinen, sie sind auch vollkommen identische Menschen? Es ist aber auch klar, dass eineiige Zwillinge die besten „Untersuchungsobjekte" darstellen für die Frage, was genetisch determiniert ist, also wofür die Gene alleine verantwortlich sind, und was nicht. Was ist an dem, was einen Menschen ausmacht, andererseits von seinen Genen unabhängig von der Umwelt, von der Erziehung, beigebracht beziehungsweise erworben? Alles, in dem eineiige Zwillinge identisch sind, hat eine hohe Chance, in den Genen zu stehen; bei allem, was sie unterscheidet, spricht vieles für geringere genetische Anteile. Wer weiß nicht, wie schwer es oft ist, eineiige Zwillinge vom bloßen Hinsehen her zu unterscheiden. Nun, das Aussehen eines Menschen, seine Haarfarbe, Hautfarbe, Augenfarbe, Nasengröße und noch so vieles mehr, scheint klar genetisch bestimmt zu sein. Darum also auch die oft so frappante Ähnlichkeit zwischen weniger (nur zu fünfzig Prozent) identischen Menschen wie Geschwistern, Eltern und Kindern. Das Geschlecht sollten wir nicht vergessen. Natürlich müssen eineiige Zwillinge immer gleichen Geschlechtes sein, männlich oder weiblich. Das Geschlecht steht also auch eindeutig in den Genen festgeschrieben ... Halt, langsam, darauf kommen wir noch im Kapitel „Die Sex-Chromosomen" zurück und Sie werden überrascht sein. Wenn der eine also blaue Augen hat, so wird sein eineiiger Zwilling auch blaue Augen haben – nun gut. Aber wie steht es um so viele andere weniger körperliche Merkmale, um die Eigenschaften des Menschen? Wenn der eine homosexuell ist, ist der andere dann auch immer homosexuell? Schließlich sind die beiden ja genetisch identisch. Wenn die eine hoch intelligent ist, ist es die andere auch? Wenn der eine Alkoholiker, religiös und ein ausgezeichneter Fußballer ist (ich bitte Sie nicht zu glauben, dass ich hier irgendeinen Zusammenhang sehe), ist es der andere dann automatisch auch? Daher weht der Wind. Was kann man schließlich alles von genetisch identischen Menschen lernen? Vorsicht – die Umwelt, die Erziehung, die Freunde, die Ernährung ist bei eineiigen Zwillingen sehr oft auch sehr ähnlich (wenn auch nicht identisch). Noch klarere Antworten auf die Frage „genetisch oder nicht" erhält man von den eher seltenen Fällen von eineiigen Zwillingen, die nicht in derselben Umwelt groß geworden sind. Nämlich dann, wenn eineiige Zwillinge zur Adoption freigegeben und von verschiedenen Eltern adoptiert werden. Das ist es. Wenn also der eine zum Beispiel an der Ostküste und der andere an der Westküste Amerikas jeweils in völlig verschiedenen Familien, bei verschiedenen Eltern aufwächst: Was ist bei diesen eineiigen Zwillingen identisch? Ja, das Aussehen ähnelt sich enorm. Die Körpergröße etwa kann aber schon ein wenig unterschiedlich sein, da die Ernährung dafür eine große Rolle spielt. Es wird immer von einem Fall erzählt (ob er wirklich eingetreten ist, bleibt für mich ein Rätsel), wo sich zwei cineiige Brüder nach jahrzehntelanger Trennung (wegen Adoption) das erste Mal trafen: zwei Feuerwehrmänner, mit demselben Schnurrbart, sehr ähnlichem Musikgeschmack und derselben Vorliebe für karierte Sakkos. Unglaublich, nicht? Ein äußerst bekanntes und wissenschaftlich wirklich belegtes Beispiel liefern die amerikanischen Zwillinge Jim Springer und Jim Lewis. Eineiige Zwillinge, die fast 40 Jahre lang keinen Kontakt hatten. Und trotzdem, ihre Kinder erhielten den gleichen Vornamen und beide besaßen einen Hund namens Toy. Beide tischlerten gerne, liebten technisches Zeichnen, bevorzugten die gleiche Biersorte und waren Kettenraucher derselben Marke. Beide verbrachten ihre Ferien sogar am gleichen Ort! Eineiige Zwillinge werden uns in diesem Buch noch öfter begegnen, knifflige Rechenaufgaben aufgeben und letztendlich über uns lachen. So kennen wir Genetiker eineiige Zwillinge.

Eine kinderarme Gesellschaft und ältere Eltern

Das Einzelkind älterer Eltern

Die Wissenschaft ist sich also einig – der Mensch ist Produkt der Wechselwirkung aus Genetik und Umwelt. Die Gene des Menschen sind Produkt einer langen Evolution, in der sich die besseren Genvarianten durchgesetzt haben. Aber passiert das heute noch? Eigentlich anzunehmen. Die für uns überschaubaren Zeitabschnitte sind aber, wie bereits erläutert, viel zu kurz, um eine eventuell vorteilhafte Mutation überhaupt bemerken oder studieren zu können. Mutationen, die unmittelbar insofern von Nachteil sind, als sie Krankheiten des Menschen auslösen, fallen uns natürlich auf. Änderungen für den Genpool im Gesamten sind aber eigentlich keine auszumachen. Und durch Umwelteinflüsse erworbene Eigenschaften werden so nicht vererbt, weil sie sich primär einmal nicht in den Genen niederschlagen, wie es fälschlicherweise von dem Evolutionsforscher Jean-Baptiste Lamarck (1744–1829) angenommen wurde (seien Sie daher ganz beruhigt, die Kinder von Arnold Schwarzenegger erben seinen Oberschenkel tatsächlich nicht!). Darwin aber klärte uns auf, dass es zu zufälligen Mutationen kommt, die auch einmal einen Selektionsvorteil haben und sich dann auch auf längere Sicht durchsetzen können. Seit in den letzten Jahren bestimmte molekulare Mechanismen aufgeklärt wurden (Stichwort Imprinting), scheint all das nicht grundsätzlich verändert, aber doch noch ein wenig komplizierter zu sein. Der Mensch nimmt deshalb auch heute durch sein Verhalten und seine Lebensweise keinen Einfluss auf sein eigenes genetisches Rüstzeug. Das stimmt. Und trotzdem höre ich immer wieder von der Theorie, die viele Menschen vertreten, dass durch die Tatsache, dass die Eltern bei der Geburt ihrer Kinder etwa in Europa immer älter wurden und zum Teil sogar noch werden, die Wahrscheinlichkeit für die Geburt genetisch kranker Kinder angestiegen ist. Also doch eine Macht unserer Lebensbedingungen über die Gene? Werfen wir einen Blick darauf.

Wie sieht die klassische Vorstellung aus, die dieser Theorie zu Grunde liegt? In Europa oder den USA schließen Frauen zuerst ihre Ausbildung ab und wollen dann einmal ihr Leben genießen. Vollkommen verständlich, Männer machen das schließlich genauso. Dann fällt die Entscheidung zu einem Kind einfach später – mittlerweile zehn Jahre später als noch in den Generationen zuvor. Der Trend geht zusätzlich zu weniger Kindern, vielleicht überhaupt nur zu einem. Oft ist dies gewollt, sehr oft aber auch dann ungewollt. Ältere Eltern bekommen nämlich schwieriger Kinder. Je älter eine Frau ist, umso unwahrscheinlicher wird es für sie, noch schwanger zu werden. Inwieweit spielt dafür die Macht der Gene eine Rolle? Und was hat das alles mit den Genen der Nachkommen zu tun – werden die dadurch beeinflusst? Um diese beiden Fragen beleuchten zu können, müssen ein paar wenige, aber sehr wichtige Dinge aus wissenschaftlicher Sicht erläutert werden. Wenn eine Samenzelle, à la Woody Allen als weiß gekleidete Samenzelle in seinem Film „Was Sie immer schon einmal über Sex wissen wollten …", ihren Weg den Eileiter hinauf geschafft hat und dort auf eine befruchtungswillige Eizelle trifft, passiert eventuell, hin und wieder, eine Befruchtung. Eine befruchtete Eizelle bedeutet aber noch keineswegs, dass notwendigerweise eine Schwangerschaft eintreten muss oder dass gar neun Monate später ein Kind geboren wird. Dafür gibt es viele Gründe. Da dieses Buch die Macht der Gene beleuchtet, soll an dieser Stelle nur auf die genetischen eingegangen werden. Dies soll aber nicht heißen, dass es nicht noch so manche gute nicht genetische Ursachen dafür gibt. Kein so entstandener Embryo ist frei von Mutationen, von genetischen Veränderungen. Wir haben ja sogar schon gehört, dass kein lebender Mensch frei von Mutationen ist. Viele genetische Veränderungen haben aber gleich unmittelbare Konsequenzen für den Embryo. Die erste Gruppe solcher Mutationen, die bei den Embryonen (spontan) neu entstanden sind, also nicht von den Eltern vererbt wurden, hat sogar so schwerwiegende Folgen, dass sich der Embryo niemals in die Gebärmutter einnisten kann, also niemals eine Schwangerschaft überhaupt entsteht. Ich habe für diese Embryonen einmal den Begriff vom „genetischen Tod" eingeführt. Diese Embryonen können nicht eines „klinischen Todes" oder eines „Gehirntodes" gestorben sein, da sie weder Organe noch ein zentrales Nervensystem aufweisen. Niemand merkt eigentlich etwas von ihrer Existenz, da sie ja schließlich keine Schwangerschaft auslösen und unbemerkt „verschwinden".

Eine zweite Gruppe an spontanen genetischen Veränderungen führt dazu, dass zwar vielleicht eine Einnistung stattfindet, aber die Schwangerschaft nicht hält. Die meisten solcher Aborte, Fehlgeburten, passieren sogar so früh, dass man die Schwangerschaft noch gar nicht bemerkt hat, obwohl die Hormonreaktion der Frau auf dieses Ereignis schon begonnen hat. Sie sind daher von der ersten Gruppe in der Praxis nur schwer zu unterscheiden. Leider treten Fehlgeburten aber auch oft später in der Schwangerschaft auf. Und jetzt wagen Sie einmal eine Schätzung: Wie viele befruchtete Eizellen, Embryonen führen nicht zur Geburt eines Kindes, weil sie gar keine oder eben keine vollständig abgelaufene Schwangerschaft ausgelöst haben? Alle wissenschaftlichen Erkenntnisse zusammenfassend, geht man heute von ungefähr fünfzig Prozent aus. Fünfzig Prozent aller auf natürlichem Wege entstandenen Embryonen führen nicht zur Geburt eines Kindes! Wir haben gerade gesagt, dass jeder Mensch ein Mutant ist. Die einen Mutationen bemerkt man nie, weil sie keine Auswirkungen haben und schlummern, die anderen erkennt man vielleicht erst spät im Leben oder nur ganz leicht, und wieder andere haben aber bereits seit der Geburt bestimmte

Konsequenzen für das Kind. Letztere können auch mit bestimmten Krankheiten assoziiert sein.

So, und was hat das jetzt alles mit dem Alter der Eltern zu tun? Ganz einfach. Eine sehr große Zahl all dieser Mutationen, die im Zuge der Verschmelzung von Ei- und Samenzelle neu entstehen (noch einmal: nicht von den Eltern vererbt), tritt bei älteren Eltern häufiger auf. Das bedeutet, dass bei über fünfunddreißig Jahre jungen Frauen nicht fünfzig Prozent, sondern vielleicht schon sechzig oder siebzig Prozent der Embryonen nicht zur Geburt eines Kindes führen. Und das steigt mit dem Alter weiter. So weit, dass es irgendwann unwahrscheinlicher und dann richtig unwahrscheinlich wird, noch ein Kind zu bekommen. Es sei hier noch einmal daran erinnert, dass die genetischen Faktoren nur einen Teil der Ursachen für dieses Phänomen ausmachen. Aber, wie Sie sehen, einen ganz schön wichtigen. Sie werden vielleicht denken: Na ja, selbst wenn es einmal auf neunzig Prozent gestiegen ist, bleiben immer noch zehn Prozent über. Das heißt, bei jedem zehnten Beischlaf könnte es dann theoretisch (und falls das so gewollt ist) zur Geburt eines Kindes kommen. Irrtum! Zunächst deshalb nicht, weil andere Faktoren auch noch eine Rolle spielen. Und außerdem klappt es bekanntlich eigentlich nur einmal im Monat. Folglich müsste man zehn Monate lang immer treffen, um auf diese Wahrscheinlichkeit zu kommen. Und wer kann das schon? Sehen Sie, und damit haben wir auch schon die erste Frage beantwortet. Ja, es stimmt. Je älter die Eltern sind, umso unwahrscheinlicher wird der große Kindersegen. Also besteht ein Zusammenhang zwischen der Entscheidung, später Kinder zu bekommen, und wenigen Kindern, zumindest in unserer mitteleuropäischen Gesellschaft. Wie gesagt, dabei handelt es um den biologisch begründbaren Teil dieses Phänomens. Sehr oft ist es aber auch einfach von den Eltern so gewollt – das Einzelkind.

Der biologische Zusammenhang mit weniger Kindern ist also klar und es sind letztendlich neu entstandene genetische Veränderungen der Embryonen daran schuld. Aber die Gene der Nachkommen hat die gewählte spätere Elternschaft damit ja noch nicht beeinflusst. Aber auch das tut sie. Es ist nur (heute noch) eigentlich populationsgenetisch wahrscheinlich nicht bemerkbar. Die angeführte Theorie freilich stimmt. Denn auch viele der genetischen Veränderungen, die für die Neugeborenen unmittelbar bereits Konsequenzen haben, werden mit dem erhöhten elterlichen Alter wahrscheinlicher. Für manche genetische Erkrankungen der Kinder gilt sogar, dass eine zwanzigjährige Frau ein Risiko von 1:3000 aufweist, wohingegen für eine Fünfunddreißigjährige das Risiko, ein Kind mit dieser genetischen Erkrankung zu bekommen, bei ungefähr 1:150 liegt. Also doch eine Macht der Umwelt, genauer gesagt unserer gewählten Lebensbedingungen, über die Gene unserer Nachkommen? Man entscheidet sich aus gut nachvollziehbaren Gründen für eine spätere Elternschaft, als das noch vor zwei Generationen der Fall war, und erkauft sich damit jedoch ungewollt ein höheres Risiko für genetische Erkrankungen bei den Kindern? Theoretisch ja. Ob sich das in der Gesamtpopulation bemerkbar macht, wird sich erst herausstellen.

Warum entstehen bei älteren Eltern aber eigentlich wahrscheinlicher genetische Veränderungen bei ihren Nachkommen, bei den Embryonen, als bei jüngeren? Die Tatsache ist zwar wissenschaftlich unbestritten und in tausenden Studien belegt, der grundlagenwissenschaftliche Hintergrund dafür lässt aber noch sehr viele Fragen offen. Es gibt viele verschiedene Theorien dafür. Und es wird wahrscheinlich noch einige ursächliche Faktoren geben, die wir bislang gar nicht kennen. Eine große biologische Ungerechtigkeit gilt aber als wissenschaftlich erwiesen. Das Alter der Mutter spielt dabei eine größere Rolle als jenes Alter des Vaters. Wer diese wissenschaftlichen Ergebnisse erwähnt, muss sie auch etwas näher erklären. Faktum ist, dass die genetischen Veränderungen der Embryonen und Kinder, die bei erhöhtem Alter der Eltern häufiger gefunden werden, wahrscheinlicher durch Fehler bei der Entwicklung von Eizellen auftreten, als sie über die Samenzelle kommen. Eine Theorie, die immer wieder als zumindest eine Ursache dafür angeführt wird, bezieht sich auf das unterschiedliche Alter von Ei- und Samenzelle. Die Samenzellproduktion des Mannes läuft alle paar Wochen vollständig ab. Das bedeutet, eine Samenzelle des Mannes, die ins Rennen geschickt wird, ist eigentlich höchstens ein paar Wochen alt. Und das ist unabhängig davon, ob der Mann zwanzig oder fünfzig Jahre alt ist. Die Frau kommt mit einer bestimmten Zahl an Eizellen zur Welt. Sie verfügt über eine Art Depot an Eizellen. Ab der Pubertät reift eine Eizelle (selten auch zwei, dann kann es zu zweieiigen Zwillingen kommen) aus diesem Depot pro Monat heran. Das bedeutet, dass eine zwanzigjährige Frau eine wesentlich jüngere Eizelle ins Rennen schickt als eine vierzigjährige. Und bei diesem Rennen trifft dann eine jahrzehntealte Eizelle auf eine ein paar Wochen alte Samenzelle. Je älter diese Zellen sind, umso eher tragen sie schließlich genetische Veränderungen. Wenn auch der genaue Mechanismus dafür noch nicht aufgeklärt ist, das ist so. Das Alter der Eltern spielt eine Rolle, das Alter von Ei- und Samenzelle spielt eine Rolle. Frauen sind in der Regel nicht älter als Männer, wenn die Entscheidung für ein Kind gefallen ist. Aber das Alter der Eizellen ist nun einmal höher als das der Samenzellen. Das Alter der Eizellen also!

Das optimale Einzelkind älterer Eltern?

Die oben erwähnte Tatsache, dass das Alter der Mutter eine größere Rolle spielt als das des Vaters, ist ohne Zweifel eine biologische Ungerechtigkeit. Aber nicht die einzige. Denn während Samenzellen gut und lange in eingefrorenem Zustand aufbewahrt werden können, gilt dies nicht für die Eizellen der Frau. Warum das wichtig ist? Das könnte doch zumindest Teile des erwähnten Problems lösen. Das Alter der Eizelle! Es könnten dann doch Frauen im Alter von zwanzig Jahren ihre noch jungen Eizellen einfrieren lassen. So würde verhindert werden, dass die Eizellen während der gewählten Zeit für Ausbildung und all das, was eben noch vor dem ersten Kind alles so gemacht werden soll, im Körper der Frau einfach nur altern. Die eingefrorenen Eizellen hingegen bleiben die Eizellen einer Zwanzigjährigen. Auch wenn die Frau erst mit fünfunddreißig ein Kind möchte, könnte sie dann schließlich auf die jungen Eizellen zurückgreifen. Sie müsste dafür dann allerdings das Verfahren einer künstlichen Befruchtung in Anspruch nehmen. Das heißt also, dass die Eizellen zuerst mit Samenzellen ihres Partners im Labor befruchtet und die so entstandenen Embryonen der Frau dann in die Gebärmutter eingesetzt werden. Diese Frau wäre in diesem Fall schwanger mit einem Kind, das aus einer Eizelle entstanden ist, die vielleicht fünfzehn Jahre jünger ist als die Frau selbst und doch von ihr stammt. Eine Revolution! Die Frauen dieser Welt können sich dann ganz entspannt mit der Entscheidung für ein Kind Zeit lassen. Freilich, der Körper der Frau selbst spielt hier natürlich auch noch eine Rolle, und keine kleine. Aber das Problem mit den genetischen Veränderungen der Embryonen könnte man wirklich maßgeblich positiv beeinflussen. Eizellen lassen sich aber, eben im Gegensatz zu Samenzellen, sehr schlecht in gefrorenem Zustand aufbewahren. Diese Fragestellung hat definitiv noch medizinischere Hintergründe als eine Art Verjüngungskur „später Mütter". Wenn Männer an Krebs erkranken und Bestrahlung und/oder Chemotherapie zur Anwendung kommen soll, so ist nicht selten danach die Samenzellentwicklung gestört. Ein Leben lang. Daher empfehlen Mediziner solchen Männern, Samenzellen aufbewahren zu lassen. Jahre nachdem die Therapien positiv abgeschlossen sind, können diese Samenzellen im Zuge einer künstlichen Befruchtung diesen Männern zur biologischen Vaterschaft verhelfen. Das wird heute auch routinemäßig so durchgeführt.

Wie steht es jedoch mit der Frau, wenn sich Eizellen, wie erwähnt, so schlecht aufbewahren lassen? Erst vor kurzem ist hier eine wirkliche Revolution der Medizin zu vermelden gewesen. In der Saint-Luc-Klinik in Brüssel kam das erste Kind aus transplantiertem Eierstockgewebe zur Welt. Die Mutter litt an Lymphdrüsenkrebs und musste sich Jahre davor einer Chemotherapie unterziehen. Dr. Jacques Donnez entnahm ihr davor nicht Eizellen (weil diese schlecht aufzubewahren sind), sondern ganzes Eierstockgewebe. Dies bewahrte er auf, und als die Frau sechs Jahre später ein Kind wollte, hat er dieses Gewebe zurückimplantiert. Es kam wieder zur Eizellproduktion im Körper dieser Frau, sie wurde auf natürlichem Wege schwanger und bekam ein Kind. Eine zweiunddreißigjährige Frau mit Eierstockgewebe und Eizellen, die von ihr stammen, als sie fünfundzwanzig war. Unglaublich, nicht wahr? Es sind noch einige wissenschaftliche Fragen zu klären. Aber der Plan für die Zukunft könnte eben sein, nicht Eizellen, sondern Eierstockgewebe der jüngeren Frau aufzubewahren. Dieses Gewebe könnte dann später zurückimplantiert werden, und es könnten Schwangerschaften entstehen, die von jüngeren Eizellen her stammen. Um sicherzustellen, dass das so entstandene Kind wirklich von dem jüngeren Gewebe/Eizellen herrührt und nicht von im Körper verbliebenen Resten an dann ja schon gealtertem Gewebe, könnte das aufbewahrte Eierstockgewebe der Frau später in den Unterarm implantiert werden. Von dort werden schließlich die Eizellen gewonnen, künstlich befruchtet und in die Gebärmutter transplantiert. Sie glauben, ich spinne? Das wurde schon gemacht! Es ist jedoch noch viel Forschungsarbeit zu leisten. Aber ich sehe das ganz realistisch auf uns zukommen. Solche Ansätze ermöglichen Frauen vielleicht eines Tages, ihre Menopause um Jahre zu verzögern und vielleicht jenseits der fünfzig noch biologisch eigene Kinder zu bekommen, und das sogar mit einem geringen Risiko für genetische Veränderungen, da die Eizellen noch gar nicht alt sind. Das würde unsere Gesellschaft ganz ohne Zweifel beeinflussen – was denken Sie?

Die Entscheidung zu einer späteren Elternschaft und dann eben vielleicht nur zu einem Kind ist oft auch assoziiert mit dem großen Wunsch nach einem perfekten, optimierten Kind. Da ist aber leider oder Gott sei Dank nichts zu machen. Es wurde hoffentlich aus all dem bisher Gesagten klar, dass der Versuch, durch gezieltes genetisches Manipulieren den Eltern bestimmte Wünsche bei ihren Kindern zu erfüllen, ein aussichtsloses Unterfangen darstellt – ja darstellen muss. Meist ist es nicht ein Gen, sondern sind vielleicht sogar hunderte Gene, die die Ausprägung eines Merkmals mitbeeinflussen, die Gentherapie ist technisch nicht ausgereift (wie wir später noch genauer hören werden), und am allerwichtigsten – der Mensch ist eben nicht auf seine Gene reduzierbar. Am meisten erreichen Eltern aus heutiger Sicht daher, wie noch oft in diesem Buch bewiesen wird, durch die Beeinflussung und Optimierung der Umwelt ihrer Kinder. Der Rest ist hin-, nein besser anzunehmen. Den größten Effekt in Richtung optimierte Kinder erreicht man, wenn man Fluchen, Rülpsen und Pupsen in Anwesenheit seines Kindes in Zukunft einfach unterlässt. Kinder nehmen ja so viel von ihren Eltern an. Und trotzdem: Was bestimmte Fragestellungen betrifft, vor allem im Zusammenhang mit genetischen Erkrankungen, kann man zwar nichts beeinflussen, aber doch nachschauen. Man kann dann die Gene zwar nicht mehr ändern, jedoch die Umwelt den nachteiligen Genvarianten entgegenstellen. Bereits während der Schwangerschaft lässt sich nach Fruchtwasser- oder Plazentapunktion über Genanalysen untersuchen, ob das Kind beispielsweise an Adrenogenitalem Syndrom leidet. Bei Mädchen ist durch eine schon während der Schwangerschaft gegebene medikamentöse Therapie eine bei der Geburt sonst irreversible Zwitterbildung zu verhindern. Bei einer schweren Form genetischer Hypothyreose kann durch pränatale Therapie nach Gentest eine bei der Geburt sonst unumkehrbare geistige Retardation abgewendet werden. Der Preis eines invasiven Eingriffs während der Schwangerschaft ist hoch, da dadurch selten, aber doch die Schwangerschaft verloren werden kann. Das muss also gut abgewogen werden. Dies auch deshalb, weil bei vielen genetischen Erkrankungen, die so bestimmt werden können, keine Therapie zur Verfügung steht. Bei schweren Erkrankungen wird daher oft den Eltern ein möglicher Schwangerschaftsabbruch in Aussicht gestellt. Auch das passiert heute durch die freie Entscheidung zu einer späteren Schwangerschaft öfter. Ich möchte an dieser Stelle noch einmal betonen, dass ich diese Entscheidung hier nicht kritisieren will. Aber so wie Politiker, Demographen, Zukunftsforscher etwas zu diesen gesellschaftlichen Entwicklungen zu sagen haben, so hat das auch der Genetiker. Um noch einen Schritt weiter zu gehen: Spätere Elternschaft führt, wie oben erläutert, dazu, dass es schwieriger wird, Kinder zu bekommen. Dementsprechend und auch aus vielen anderen Gründen, die ich jetzt nicht anspreche, nehmen auch künstliche Befruchtungen stark zu. Es ist heute schon möglich, den auf künstlichem Weg entstandenen Embryo vor dem Transfer in die Gebärmutter auf bestimmte genetische Fragestellungen zu untersuchen. Und auch das wird in den nächsten Jahren in Europa und den USA enorm zunehmen. Ich wage sogar die Prophezeiung, dass in nicht wenigen Jahren eine künstliche Befruchtung ohne solch eine vorhergehende genetische Untersuchung der Embryonen kaum mehr stattfinden wird. Dafür gibt es offensichtliche Anhaltspunkte, die letztendlich ihre Wurzeln auch in den gesellschaftlichen Entwicklungen und den Bedürfnissen und Wünschen der Eltern haben.

Wer darf was fragen?

Aber wie steht es mit den Wünschen der Eltern, was ihre Kinder betrifft? Sind sie das Maß aller Dinge? Oder werden sie es in Zukunft einmal sein? Die Frage, wer was über wessen Gene erfragen darf, ist eine der aus meiner Sicht wichtigsten, wenn es um die zukünftige Macht, die Gene über ihre Träger haben können, geht. Warum? Wie weit darf den konkreten Vorstellungen von Eltern Rechnung getragen werden, wenn wir zum Beispiel wissen, dass ungefähr eine Million Schwangerschaften jährlich in China abgebrochen werden, weil die Untersuchung während der Schwangerschaft ergab, dass es ein Mädchen wird und die Eltern aber einen Jungen haben möchten?

Dürfen Eltern über die Gene ihrer Kinder eigentlich alles wissen? Ein Mann hat eine Schwester, die an der monogenen Erkrankung Chorea Huntington (früher als Veitstanz bekannt) leidet. Die bis zum Ausbruch vollkommen gesunde und hoch intelligente Ehefrau und Mutter verlor im zweiundvierzigsten Lebensjahr ihre bis dahin uneingeschränkten geistigen Fähigkeiten, erkannte ihre Kinder nicht mehr, wusste nicht mehr, wie sie selbst heißt und wurde zu einem Pflegefall. Die Krankheit ist zwar erst spät in ihrem Leben ausgebrochen, in ihren Genen stand sie aber schon seit Anfang an. Es war also schon genetisch fixiert und man kann den Ausbruch weder verhindern noch die Krankheit kausal therapieren. Ihr Ehemann hat sie daraufhin verlassen und der Bruder betreut sie nun. Nicht nur das, er wurde auch Vormund der beiden Kinder dieser Frau. Jetzt erfährt er, dass diese Krankheit genetisch und vererbt ist. Jeder direkte Nachkomme dieser Frau hat eine fünfzigprozentige Wahrscheinlichkeit, selbst genauso wie seine Mutter im gleichen Alter dasselbe Schicksal zu erleben. Er erfährt außerdem, dass Genetiker durch Lesen der Gene feststellen können, wie es kommen wird – so oder so – krank oder gesund. Solche so genannten prädiktiven Gentests ermöglichen dem Genetiker etwas, was kein Kliniker jemals könnte. Er kann dadurch einer völlig gesunden Person voraussagen, dass sie eine bestimmte Krankheit bekommen wird (oder eben nicht). Der Bruder der Chorea-Huntington-Patientin geht mit dem Ansinnen zum Genetiker und ersucht ihn, doch seine beiden Neffen solch einem Gentest zu unterziehen. Schließlich hat er selbst auch zwei Söhne. Er muss also für vier junge Männer finanziell aufkommen und ein Studium könnte er sich vielleicht nicht für alle leisten. Von seinen Neffen würde er folglich nur jenen studieren lassen, der nicht mit vierzig Jahren vollkommen seine geistigen Kapazitäten verlieren wird. Das wäre nicht gut investiertes Geld. Eine erfundene Geschichte? Könnte sein. Aber selbst wenn mir diese Geschichte nicht in meiner praktischen Tätigkeit begegnet wäre, weniger nachdenklich würde sie mich trotzdem nicht stimmen. Wer darf also was über wessen Gene wann wissen? Sehen Sie ...

Ein gehörloses Paar fragt mit Hilfe von Übersetzern, ob es bereits möglich ist, während der Schwangerschaft festzustellen, ob das Kind gleichfalls gehörlos wird oder nicht. Es gibt verschiedene bekannte und auch noch unbekannte genetische Anlagen für Gehörlosigkeit. Je nachdem können gehörlose Paare hörende und auch wieder gehörlose Kinder bekommen. Die Wahrscheinlichkeiten dafür, genauso wie die Frage, ob es genetisch testbar ist, hängen von der Art der genetischen Anlage ab. Aber eine pränatale Testung ist insofern nicht von Relevanz, da es keine so frühe Therapie gibt und ein Schwangerschaftsabbruch wegen Gehörlosigkeit natürlich keinerlei Rechtfertigung hat. Die Eltern meinen, dass sie ohnedies niemals einen Schwangerschaftsabbruch bei einem gehörlosen Kind durchführen ließen, aber eventuell bei einem hörenden. In Wirklichkeit wollen sie die höchstmögliche Chance für gehörlose Nachkommen. Davon haben wir doch schon in einem anderen Zusammenhang gehört. In diesem Fall war die Motivation allerdings weniger die gewünschte elitäre Situation Gehörloser. Es lag vielmehr an der Angst, dass man das hörende Kind, damit es sprechen lernen kann, vielleicht mehrere Stunden am Tag zu hörenden und sprechenden Menschen geben müsste. Dieses Paar hatte aber in der Familie keine hörenden Menschen und wollte sein Kind nicht täglich mehrere Stunden weggeben müssen. Der eine möchte also lieber ein hörendes Kind, der andere lieber ein gehörloses. Aber wer darf was über wessen Gene wann fragen? Sehen Sie ...

Was ist überhaupt krank? Oder: Was ist für wen krank? Ich habe Ihnen anhand des Beispiels des Birkenspanners versucht zu veranschaulichen, dass es sich stets um ein Wechselspiel zwischen Genen und Umwelt handelt. Sind die Birkenrinden hell gemasert, so ist der hell gemaserte Birkenspanner auch besser dran. Würde die Pränataldiagnostik die manchmal auftretende schwarze

Mutation nachweisen, so würde man der Familie Birkenspanner vielleicht einen Schwangerschaftsabbruch in Aussicht stellen. Eine Überlebenschance hat dieser schwarze Birkenspanner ohnedies nicht, da ihn seine natürlichen Feinde, die Vögel, blitzschnell auf der Birke finden und fressen würden. Jetzt ändert sich aber die Farbe der Birkenrinden durch Umweltverschmutzung in dieser Region auf Schwarz. Damit würde eine pränatale Diagnose eines hellen Birkenspannertyps nunmehr vielleicht auf einmal die gegenteilige Konsequenz haben als noch gerade zuvor. Die schwarze Mutation erweist sich jetzt als vorteilhaft, damit als gut oder als „gesund". Ein überspitztes Beispiel, ich weiß. Mir ist aber jedes Mittel recht, jeden davor zu warnen zu glauben, die richtige oder optimale genetische Ausrüstung des Menschen zu kennen. Ich gehe sogar noch einen Schritt weiter. Auf den ersten Blick rein nachteilige Mutationen haben eventuell auf den zweiten Blick (der uns bei so vielem vielleicht noch nicht eröffnet wurde) Vorteile. So wurde beispielsweise gerade entdeckt, dass ein Gen namens GJB2, wenn bei einem Menschen beide (also das mütterliche und das väterliche) mutiert sind, zu Gehörlosigkeit führen kann. Ist aber nur eines der beiden Gene von der Mutation betroffen, können die Träger hören. Warum aber blieb diese Art der Mutation in der Evolution erhalten? Warum gibt es sie eigentlich noch, wenn sie doch unter bestimmten Umständen nur Nachteile bringt? Reiner Zufall? Ganz aktuelle Studien haben gezeigt, dass das kein Zufall ist. Es konnte bewiesen werden, dass das Tragen von einem so mutierten Gen den Trägern Vorteile bei ihrer Wundheilung bringt. Wer hätte das gedacht? Darum also ist eine Mutation, die, wenn sie beide Gene betrifft, zu Gehörlosigkeit führt, so weit verbreitet. Ich glaube, dazu braucht man nichts mehr zu sagen. Außer vielleicht, dass wir keine Ahnung haben, was wir alles noch nicht wissen.

Ein Gen für Dicke oder doch Diätwahnsinn?

Der innere Schweinehund

Wir haben schon von zwei eineiigen Feuerwehrmännern gehört, die sehr viele Gemeinsamkeiten besaßen. Eine Gemeinsamkeit habe ich Ihnen bisher aber noch verschwiegen. Sie waren beide sehr beleibt, so erzählt man sich. Das wäre einmal eine gute Nachricht! Dicksein ist also genetisch. Es ist folglich nicht meine Disziplinlosigkeit, die mich traumwandelnd in der Nacht im Schlafmantel an den Kühlschrank treibt, sondern meine Gene. Eineiige Zwillinge sind genetisch identisch. Wenn also einer von beiden übergewichtig ist, wird es wohl der andere auch sein müssen. Es steht ja in den Genen. Aber ist das wirklich so? Ja, in der Tat ist es bis zu einem gewissen Grad schon so.

Zuerst einmal zum Körperbau. Dass eineiige Zwillinge, wenn schon nicht immer ganz identische, so doch zum Verwechseln ähnliche Körperbauanlagen haben, das können wir immer wieder beobachten. Die Breite des Knochenbeckens, die Länge der Extremitäten, die Schulterbreite – alles äußerst ähnlich bei genetisch identischen Zwillingen. Es gibt Gene für Knochenbau und -form, die man zum Teil sogar heute schon gut kennt. Aber wie steht es mit dem Bauchansatz, der Größe des Busens, den Pobackendimensionen oder der Cellulitis? Steht das auch in den Büchern der Gene? Ist es vollkommen egal, was und wie viel ich esse, wie oft ich Sport betreibe? Aus vielen Studien an Familien oder an eineiigen Zwillingen weiß man bereits, dass das Essverhalten genauso wie auch die Verwertung der aufgenommenen Nahrung durchaus genetische Komponenten kennt. Es gibt daher offensichtlich wirklich Menschen, die auf Grund ihres genetischen Rüstzeugs bessere Nahrungsverwerter sind. Wie ungerecht! Tausende Genvarianten im menschlichen Erbgut haben zum Beispiel jüngst Genetiker der Boston University untersucht. Wir erinnern uns, jeder Mensch hat jedes Gen. Aber jeder Mensch kann andere Varianten desselben Gens besitzen – spezifische kleinste Veränderungen in den Genen also. Und man ist fündig geworden. Die Forscher entdeckten in der Tat eine Genveränderung in der Nähe eines Gens mit dem Namen INSIG2, das ein ganz wichtiger Regulator des Fettstoffwechsels ist. Untersuchungen an sehr vielen Probanden (Erwachsene, Kinder, Westeuropäer, Afroamerikaner …) haben klar ergeben: Menschen, die diese Genvarianten tragen, sind zu 30 Prozent häufiger übergewichtig als andere. Ich brauche keinerlei weiterführende Genanalysen, um eines ganz sicher zu wissen: Ich bin Träger dieser Genvariante – vollkommen klar. Das ist nicht das erste Mal, dass Genetiker bestimmte Genvarianten in Zusammenhang mit dem Dicksein gebracht haben. Ich kann daher durchaus auch mehrere hilflos und willenlos machende Varianten haben – ich Fressmutante. Genauso wie die bedauerliche Familie, die mich erst neulich bei einem Perchtoldsdorfer Heurigenbesuch ansprach. „Herr Professor, bei uns ist das genetisch, kann man da etwas machen?" Großmutter, Vater, Mutter und zwei Kinder saßen an einem Mittagstisch, den so manche andere Heurigenbesucher für das Wirtshausbuffet hielten, weil er reichlich mit wirklich sättigenden Gaben gedeckt war. Surschnitzel, Semmelknödel, Schweinsbraten, gefüllte Kalbsbrust drückten mit ihrem Gewicht so sehr auf den Heurigentisch, dass aus statischen Sicherheitsgründen ein Salat nicht mehr Platz finden konnte beziehungsweise durfte. Großmutter, Vater, Mutter und beide Kinder wiesen eine derartig ausgeprägte Körperfülle auf, dass wohl nur mehr der gemeinsame Maßschneider eine Freude daran haben konnte. Mein geprüfter Genetikerblick kam sofort zu dem bestechenden Schluss: „Ja, genetisch, scheint so." Jeder Nichtgenetiker hätte wohl gemutmaßt, dass es sich hier um einen eindeutigen Fall erworbener, gut trainierter und anerzogener Maßlosigkeit, Gefräßigkeit und Gier handelt. Einerseits kann ich als höflicher Mensch doch nicht einfach sagen, dass ich über Genetik so lange nicht nachdenken würde, solange ich sehe, dass die Kalorienzufuhr jedes dieser Familienmitglieder bei diesem Heurigenbesuch eigentlich nur durch eine nachmittägliche Weltumrundung mit dem Fahrrad verbrannt werden kann. Andererseits wissen wir ja von dem oben Gesagten, dass es in der Tat verschiedene genetische Veranlagungen betreffend Nahrungsverwertung gibt. Für eine nicht genetische Erklärung des Raupe-Nimmersatt-Syndroms dieser Familie sprach allerdings die extreme Körperfülle des Familienhundes unter dem Tisch. Ich weiß schon, vorausgesetzt, es besteht keine genetische Verwandtschaft zwischen diesem Hund und „seiner Menschenfamilie".

Bei dem Stichwort Hund fällt mir allerdings noch eine andere der vielen möglichen genetischen Anlagen ein, die das Körpergewicht beeinflussen können. Tiere in der freien Wildbahn fressen nur, solange sie Hunger haben. Sind sie satt, hören sie auf zu fressen. Die übergewichtige Giraffe, der dicke Grashüpfer und die fette Löwin gibt es nur in der Fantasie des Menschen. Wenn uns ein Tier der freien Natur gewichtig erscheint, dann ist das so von der Natur gedacht und gewollt und es gibt eben keine dünnen Artgenossen. Das hauchdünne Nashorn, der zarte Wal – Unsinn. Warum gibt es dann aber so viele dicke Haustiere? Und wieder spielen ganz offensichtlich beide zusammen, sowohl genetische Komponenten als auch die Umwelt in Form von Herrchen und Frauchen. Nur am Rande: Seit ich denken kann, amüsiere ich mich über diese Verniedlichungsformen, die wir Menschen bei der Beschreibung von Haustierhaltern verwenden. Ich gehe nämlich eigentlich davon aus, dass in den meisten Fällen die Haustiere selbst diese Koseformen nicht für ihre Halter verwenden würden. Wie auch immer – zurück zu den dicken Haustieren. Wenn Tiere in der freien Wildbahn nicht ungesund übergewichtig werden und andererseits Weight-Watchers für die meisten Haustiere bereits mehr als notwendig wären, dann ist es doch eigentlich bewiesen: In den Genen dieser Tiere steckt es nicht. Es sind deshalb Katzenstangerl und Hundekekse die wahren Verursacher. Interessant in diesem Zusammenhang ist aber noch eine andere Beobachtung, die Genetiker immer wieder machen. Je näher die Hunde- oder Katzenrasse genetisch noch an den auch in der freien Natur vorkommenden Rassen ist, umso schwerer ist es für Frauchen und Herrchen, diesen Tieren die offensichtlich gewünschte, vielleicht weil hilfloser machende, Körperfülle anzufüttern. Je näher die Haustierrasse noch an natürlicheren Formen genetisch ist, umso eher hört das Tier einfach auf zu fressen, wenn der Hunger gestillt ist. Faszinierend, nicht wahr? Es dürfte daher die durch Domestikation beeinflusste genetische Zucht und Veränderung der Haustierrassen manchmal auch dazu geführt haben, dass Fressverhalten und Hungerempfinden genetisch verändert wurden. Also wieder Genetik und Umwelt, beides spielt eine wesentliche Rolle bei der Regulation der Körperfülle.

Genetik und Hunde, das verfolgt mich, seitdem ich mit meiner Frau unter einem Dach lebe. Als das allererste Mal meine Frau ein gemeinsames Abendessen für uns beide kochte, war ich noch in der Küche zumindest als Zaungast dabei. Heute kommt leider ständig etwas dazwischen. Meine Frau kochte damals ein Nudelgericht – das weiß ich noch genau. Sie wies mich an, doch einmal einen Blick in den Nudeltopf zu werfen, um mich selbst zu überzeugen, dass sie so viel gekocht habe, dass wir mit Sicherheit am nächsten Tag noch einmal davon essen könnten. Die Worte dieser an Labormengen gewöhnten Wissenschafterin mit meinem Eindruck aus dem Nudeltopf abgleichend, kam ich – ein in Sachen Kochen völlig Unbewanderter – zu dem Schluss, dass diese Nudeln wahrscheinlich wie ein Hefeteig noch „aufgehen" würden. Als dies aber schließlich nicht der Fall war, konnte ich die Verwunderung meiner Frau über meinen zweiten Gang Wurstbrote nach diesem Nudelgericht überhaupt nicht verstehen. Ich habe mich an diese Verwunderung gewöhnt, denn gelegt hat sie sich bis heute nicht. Meine Frau kennt aus ihrem Biologie-Studium die Geschichte des Cockerspaniels. Und ich kenne diese Geschichte (mittlerweile zur Genüge) von meiner Frau. Kein Hund neigt mehr zu Übergewicht als der Cockerspaniel. Unabhängig von welchen Frauchen oder Herrchen gefüttert, der Cockerspaniel neigt immer zu Übergewicht. Es scheinen also genetische Komponenten, die sich bei dieser Hunderasse manifestiert haben, dazu zu führen, dass sich irgendwie zu spät oder eben vielleicht überhaupt nie ein Sättigungsgefühl einstellt. Den so genetisch ausgestatteten Cockerspaniel könnte man vielleicht wie folgt charakterisieren. A) Er frisst, was da ist, bis nichts mehr da ist. B) Er frisst alles, was er findet. C) Er frisst, ob es für ihn bestimmt ist oder nicht. D) Er kann zu jeder Tages- und Nachtzeit fressen.

Wenn ich nach einem langen Arbeitstag nach Hause komme und unsere Kinder im Bett sind, beginne ich bei Punkt A). Beim Plaudern mit meiner Frau, beim Lesen, beim Fernsehen esse ich dahin. Ich esse, was am Tisch steht, auch wenn es eigentlich so gemeint war, dass man wahlweise Portionen davon nehmen sollte. Ich esse von links nach rechts einfach dahin, solange noch etwas am Tisch steht. Um mich am Leben zu erhalten, räumt meine Frau unbemerkt die Dinge weg. Schafft sie das aber nicht rechtzeitig, weil sie zum Beispiel am Telefon mit einer Freundin die Lage im Nahen Osten diskutiert, bemerke ich oft eine langsam bei mir auftretende Übelkeit. Hat sie es aber geschafft und es ist alles vom Tisch geräumt, tritt bei mir Punkt B) in Kraft. Ich suche in allen Laden und Kästen des Hauses nach irgendwie Essbarem. Finde ich nichts mehr, arbeite ich mich Richtung Plan C) weiter voran. Ich beginne die Schultaschen meiner Kinder nach Milchschnitten zu durchsuchen oder vergreife mich an deren Schokonikoläusen oder -osterhasen (wobei es mir nichts ausmacht, wenn ich den Schokonikolaus zu Ostern und den Schokosterhasen im Advent esse). So vergeht der Abend und man geht zu Bett. Nicht selten um Mitternacht stelle ich dann auch meine Bereitschaft für Punkt D) unter Beweis, wenn ich einfach wieder von vorne beginne.

Meine Frau vermutet daher eine genetische Verwandtschaft zwischen mir und dem Cockerspaniel. Der Cockerspaniel quasi als mein genetischer innerer Schweinehund. Bei aller Ehre für Charles Darwin, meine Frau und ich sind uns natürlich einig, dass der Cockerspaniel in keiner direkten genetischen Linie vor mir zu finden ist. Und trotzdem zweifelt meine Frau dann doch wieder, wenn sie meinen starren Blick und meine lefzende Zunge sieht … Die Umstände, unter denen sie das sieht, erspare ich Ihnen. Warum ich dann eigentlich trotzdem nicht die Konfektionsgröße des gealterten Marlon Brando trage? Nun, ganz klar, weil ich ein unglaublich guter Verwerter bin.

Die Gendiät

Was Genetik und Dicksein betrifft, gibt es also mehrere Schalthebel, an denen gedreht werden kann. Einerseits existieren Gene, die Hungergefühl, Appetit oder Sättigung regulieren. Hier erscheinen Cockerspaniel und Hengstschläger mutant. Und andererseits gibt es Gene, die die Nahrungsmittelverwertung betreffen. Ja, aber das muss ich doch wissen! Man muss mir doch sagen, welche Nahrungsmittel ich wegen meines Genstatus besser verwerte und welche schlechter. Hier geht es doch nicht nur um dick oder dünn. Hier geht es doch schließlich um gesund oder krank. Nun, dass es gesunde und weniger gesunde Nahrungsmittel gibt, ist klar. Das gilt für jeden. Aber vielleicht kann ich die einen Nahrungsmittel besser verwerten als andere, und das liegt begründet in einer für mich individuellen und ganz spezifischen Kombination bestimmter Genvarianten. Der Gentest also wird uns eines Tages sagen, welche Nahrungsmittel wir bedenkenlos und hemmungslos zu uns nehmen können, ohne jemals dick zu werden, und welche Nahrungsmittel wir auf Grund unserer Genvarianten unbedingt meiden müssen? Für jeden Genvariantenträger eine individuelle maßgeschneiderte Diät aus der Molekularküche? In Wirklichkeit wissen weder Mutti noch die Diätassisten-tin, sondern ausschließlich meine Gene, was ich essen darf und was nicht? Ist das die Zukunft? Durchaus möglich. Der Trend hat bereits begonnen. Mittlerweile bietet bereits eine Reihe von Fir-men die Erstellung ganz individueller und spezifischer Diäten, ba-sierend auf Genanalysen, an. Von größtem Interesse für diesen Forschungszweig wären schließlich die Erbanlagen jener Men-schen, die wir alle kennen, die es in jedem Freundeskreis gibt und die wir so sehr beneiden. Jene Menschen, die von Geburt an essen können, was sie wollen und deshalb niemals dick werden. Ich bin sogar mit so jemandem verheiratet. Essen diese Menschen doch weniger oder gibt es eine perfekte Antifett-Genvariantenkombi-nation? Auch von größtem Interesse sind die Genvarianten jener Menschen, die wir auch alle kennen, die es auch in jedem Freun-deskreis gibt und die nie jemand beneidet. Jene Menschen, die seit ihrer Geburt Diäten machen können, so oft sie wollen und doch niemals das Gefühl kennen gelernt haben, schlank zu sein. Essen diese Menschen doch mehr als andere oder gibt es sie – die gene-tische Determination zur Dreistelligkeit, gegen die man nur kämpfen kann, aber der man eigentlich nie wirklich entkommt? Was ich essen darf und was nicht – das sagt mir also in Zukunft der Gentest?

Der Trend hat tatsächlich schon begonnen. Er steht aber erst ganz am Anfang. Zurzeit geht es eigentlich noch ausschließlich um Erkrankungen. Nutrigenetik oder Nutrigenomik heißen die Schlagwörter, die diese Entwicklung beschreiben. Wir haben ja bereits mehrfach diskutiert, dass praktisch jeder Mensch in sei-nem so individuellen Genvariationsset Anfälligkeiten für be-stimmte Erkrankungen trägt. Einige davon kann man durch ge-zielte Diäten therapieren. Denken wir zurück an das Beispiel der Phenylketonurie, eine Erkrankung, bei der Phenylalanin in der Nahrung fatale Folgen geistiger Retardation für die Betroffenen hat. Das war die Erkrankung, auf die jeder Europäer oder US-Amerikaner seit vielleicht vierzig Jahren unmittelbar bei der Geburt getestet wird. Das deshalb, weil eine phenylalaninfreie Diät in diesen Fällen hilft. Unter Nutrigenomik versteht man heute aber eigentlich mehr das Wechselspiel zwischen Ernährung und den individuellen Genanlagen eines Menschen. Die Eltern werden eines Tages bereits bei ihren Kindern entsprechende Gentests durchführen lassen. Einerseits, um Krankheiten entgegenwirken beziehungsweise vorbeugen zu können. Andererseits vielleicht aber einfach auch nur, um für jedes Kind individuell den richtigen Ernährungsplan entwickeln zu können. Das schlanke und gesunde Kind wird einmal für diese Gendiät dankbar sein?

Und eigentlich ist doch Bewegung und Sport die wahrscheinlich bessere und gesündere Form, Übergewicht entgegenzuwirken und dadurch gesund zu bleiben. Daran müssen Eltern bei ihren Kindern denken – Genetik hin oder her. Moment … Aber können Anlagen für Sportlichkeit, das Talent für eine bestimmte Sportart oder Ehrgeiz und Fleiß beim Training etwa, auch genetisch mitbestimmt sein? Darüber unterhalten wir uns jetzt.

Der Fußballer-Code

Die Genetik des Sportlers

Die Frauen lieben ihn wegen seines Aussehens und die Männer wegen seiner Ballkünste. Die Frauen bewundern seine Frisur und sein schmachtendes Lächeln, die Männer verehren seine Flanken. Die Rede ist hier von zwei Personen gleichzeitig. Nach all dem bisher über genetische Anlagen körperlicher Merkmale des Menschen Gesagten (wir denken an den Fall eineiiger Zwillinge) ist es nicht verwunderlich, dass der kleine Paolo vieles vom frauenbetörenden Aussehen seines Vaters Cesare Maldini geerbt hat. Aber wie steht es um das faszinierende Faktum, dass Paolo offensichtlich auch das enorme Fußballertalent seines Vaters in die Wiege gelegt bekam? Geht das überhaupt? Ist das etwa genetisch? Eines ist jedenfalls Geschichte. Cesare Maldini gewann 1963 als Spieler des AC Milan den Europapokal der Landesmeister. Eine Generation darauf gewann sein Sohn Paolo Maldini den Europapokal der Landesmeister sogar mehrmals und, Sie werden es nicht glauben, genauso wie sein Vater auch mit dem AC Milan! Nun, wir haben ja bereits gesagt, dass familiäre Häufungen bestimmter Merkmale, Eigenschaften oder Talente noch kein Beweis für genetische Anlagen sind. Ich weiß, es tut jedem in der Seele weh, wenn ich jetzt mein Beispiel der Häufung von Hausstauballergien in meiner Familie im Zusammenhang mit der familiären Ansammlung eines – wenn nicht von den Genen, so auf jeden Fall von Gott gegebenen – Ballgefühls der Familie Maldini bringe. Das war auch wirklich nur kurz zur Erinnerung. Viele werden jetzt sofort, wie aus der Pistole geschossen, denken: „Nein, ein Kicker-Gen gibt es bestimmt nicht." Ich schließe mich dem auch gleich an. Aber das bedeutet ja andererseits auch nicht, dass nicht mehrere (viele) verschiedene genetische Anlagen gemeinsam ein Talent dafür ausmachen könnten. Ob jemand internationaler Fußballstar wird oder beim Steh-Match der Stammtischrunde nur dann aufgestellt wird, wenn er nachher die Zeche begleicht, hängt unter keinen Umständen von Genetik ab. Es war die Förderung und das Antreiben von Maldini senior, die Maldini junior zu dem gemacht haben, was Männer an ihm lieben (Frauen lieben ja definitiv etwas mehr genetische Komponenten an ihm). Bereits bevor er sprechen konnte, traf er das Kreuzeck. Noch bevor er täglich zur Schule ging, besuchte er mehrmals täglich den Fußballplatz seines Vereins. Ich gebe Ihnen ja Recht – ohne all das wäre es sicher nichts geworden mit Paolos (angeborenem oder anerworbenem?) Traum von der großen Fußballkarriere. Aber – genetische Anlagen spielen hier keine Rolle? Nun, sind Sie sich da einmal nicht so sicher. Drehen wir einmal den Spieß um, indem wir uns fragen, ob es Cesare Maldini und all den involvierten Trainern, Masseuren, Betreuern gelungen wäre, aus Paolo einen international gefeierten Fußballstar zu machen, wenn er die genetischen Anlagen von Woody Allen besäße. Die Schnelligkeit und Spritzigkeit, Kraft und Ausdauer, Muskelanlage und Körpergröße von … Woody Allen! Ich bin mir ziemlich sicher, hier hätte man trainieren, massieren und betreuen können so viel man wollte, die erreichte Kopfballstärke hätte wahrscheinlich letztendlich in gar keiner Liga eine Zuschauerwelle ausgelöst. Andererseits hätte sich Woody Allen vielleicht Angriffsstrategien und Abseitsfallen ausdenken können, die auch aber eher ähnlich wie „Monty Pythons" tödlicher Witz die Gegner ausgeschaltet hätten. Oder noch zugespitzter muss man fragen dürfen: Ist der Unterschied zwischen den Spielern der brasilianischen Nationalmannschaft und der österreichischen Teamelf nur antrainiert? Hätten die österreichischen Kicker nur mehr Zeit zum Trainieren, dann hätten sie schon das Passgefühl von Ronaldo de Assis Moreira „Ronaldinho Gaúcho". Hätte man österreichische Spieler schon früher gefördert, wären sie auch bestimmt so torgefährlich wie Robson de Souza „Robinho". Trainer, Masseure, Betreuer könnten jedem österreichischen Fuballtalent die Dribblingstärke von José Roberto da Silva junior „Zé Roberto" beibringen – es ist nur eine Frage des Wollens. In jedem von uns steckt also irgendwie ein Pelé, es hat uns nur niemand entdeckt, gefördert, gut bezahlt, geliebt und gefeiert. Einmal ehrlich – so ist es ja auch wieder nicht. Ein anderes Argument ist oft die Frage der Auswahl. Die Einwohnerzahl von Brasilien wird auf über 180 Millionen geschätzt. Österreich im Vergleich hat ungefähr 8 Millionen. Auf einen fußballwilligen Österreicher kommen damit über 20 Brasilianer. Das ist es also. Das spielt natürlich wirklich auch eine Rolle. In einer größeren Menge ein Ausnahmetalent zu finden, ist leichter. Moment, wenn es aber um die Suche nach Talenten geht, berühren wir ja schon wieder die Frage nach entsprechenden genetischen Anlagen. Es ist also vielversprechender, wenn ich all die Förderung, das Training etc. einem (genetischen) Talent zu Teil werden lasse, da es bei einem weniger großen Talent doch nicht so fruchtet. Ja, aber wo steht dieses Talent geschrieben? Doch in seinen Genen? Natürlich weiß gerade ich als Österreicher um die große Bedeutung von Umwelt für die sportlichen Erfolge einer Nation. Nur 8 Millionen Einwohner und doch die beste alpine Schination der Welt. Es sind die Berge in Österreich als optimale Trainingsvoraussetzungen genauso wie die jahrelange Erfahrung der Trainer und der Betreuer, die Österreich zu dem gemacht haben, was Benni Raich oder Hermann Maier heißt.

Wir müssen es an dieser Stelle auf den Punkt bringen. Wenn vielleicht der eine oder andere noch ein wenig härter trainiert, so trainieren doch alle Profitennisspieler dieser Welt mehr oder weniger gleich hart – oder nicht? Alle Profifußballer kennen einen ähnlichen Trainingsablauf. Und was, wann, wie oft zu trainieren ist, weiß auch jeder Profischirennläufer. Woher kommen sie dann, die Sampras, Ronaldinhos oder Raichs? Was macht sie letztendlich besser als die anderen? Könnte Raich, wenn er vom Kleinstkindalter an so trainiert hätte wie Ronaldinho, auch so Fußball spielen? Und nur kurz für den Vergleich stellen wir uns Ronaldinho auf Schiern vor. Gibt es also doch für jede Sportart das optimal genetische Rüstzeug, das vielleicht sogar nicht nur körperliche, sondern auch geistige Voraussetzungen und Bedingungen lenkt und reguliert? Genetiker haben sich längst auch schon diesen Kopf zerbrochen.

Australische Humangenetiker untersuchten zum Beispiel zwei Genvarianten des Alpha-Actinin-3-Gens (ACTN3). Es ging bei dieser Studie um den Laufsport. Soll jemand eher kurze Strecken trainieren oder doch eher Langstreckenläufer werden? Solch eine Entscheidung müssen Eltern, Trainer und Funktionäre schon in sehr frühem Kindesalter für ihre Schützlinge fällen, wenn das Erreichen von Stockerlplätzen das erklärte Ziel ist. Aber was kann bei einer derart wichtigen Entscheidung helfen? Genanalysen des ACTN3-Gens! Die Wissenschafter haben 300 Top-Athleten untersucht. Es wurde eine Variante des ACTN3-Gens dabei entdeckt, die statistisch wesentlich wahrscheinlicher bei Sprintern vorkommt. Bei der weiteren Untersuchung der Funktion dieses Gens stellte sich heraus, dass es von großer Bedeutung für die Belastbarkeit von Muskelzellen ist. Das ist wahrlich ein sensationeller Fund! Selbstverständlich kann jeder Kurzstreckenläufer werden, wenn er will. Aber unter den Spitzenstars dieser Sportart haben viele weitaus mehr diese bestimmte ACTN3-Genvariante als die Normalbevölkerung. Die wissenschaftliche Conclusio: Sprinter gibt es viele, aber Sieger wird man viel wahrscheinlicher, wenn man Träger dieser bestimmten ACTN3-Genvariante ist. Natürlich ist das alles sehr viel komplizierter und zu bedenken, dass diese Studie lediglich einen statistischen Zusammenhang entdeckte. Das bedeutet andererseits auch, dass es Spitzensprinter ohne diese Genvariante gibt, und dass es Träger dieser Genvariante gibt, die nicht im Spitzenfeld mitlaufen. Aber es besteht ein statistisch signifikanter Zusammenhang zwischen dieser Genvariante und dem Sieg. Das lässt sich nicht wegdiskutieren – ob wir wollen oder nicht. Ich weiß, das ist unglaublich. Warum uns das wirklich zu interessieren hat? Darauf komme ich gleich noch. Ich möchte Sie zuerst aber noch viel mehr in Erstaunen versetzen. In dem internationalen wissenschaftlichen Journal „Medicine & Science in Sports & Exercise" gibt es zu diesem Thema nämlich noch viel mehr zu lesen. Über 100 Genvarianten im menschlichen Erbgut sind bereits entdeckt worden, für die zumindest ein statistisch signifikanter Zusammenhang mit bestimmten Fähigkeiten in bestimmten Sportarten nachgewiesen werden konnte. Und wieder andere Genvarianten wurden gefunden, die mit allgemeiner Fitness im Zusammenhang stehen dürften. Also doch? Eine Genvariante, die optimale Voraussetzungen für Fußball schafft. Eine andere verleiht Kraft für Tennis. Und wieder eine andere hilft beim Schirennen. Natürlich gibt es keinerlei Garantien – weder in die eine noch in die andere Richtung. Und das macht das Ganze auch weiterhin so spannend. Nachdenklich muss es aber doch stimmen.

Die genetische Sportförderung

Diese wissenschaftlichen Erkenntnisse könnten Konsequenzen haben, die man vielleicht im ersten Augenblick nicht bedenkt. Selektion in der Sportförderung ist an der Tagesordnung und, solange sie nicht übertrieben wird, auch von uns allen mehr oder weniger akzeptiert. Natürlich wird banalerweise kleinen Sportlern von ihrem angeborenen Nachteil erzählt, den Basketball in den Korb zu versenken. Natürlich müssen Eltern von ausgesprochen großen Kindern zur Kenntnis nehmen, dass die Chancen für diese Schützlinge, im Boden- oder Geräteturnen eines Tages zur Weltspitze zu gehören, geringer sind als die kleinerer und wendigerer Turner. So betrieben und betreiben schon von jeher Trainer, Sportvereine, Funktionäre Selektion, wenn sie junge Talente mit den richtigen, notwendigen körperlichen Voraussetzungen für die eine bestimmte Sportart fördern und andere Sportwillige eben nicht. Wir haben uns doch damit schon längst abgefunden. Wir alle waren andererseits schockiert, als immer mehr darüber bekannt wurde, mit welcher Härte das Sportsystem in der ehemaligen DDR Selektion und Training betrieb. Es erscheinen uns also Grenzen notwendig zu sein. Und trotzdem verstehen wir irgendwie doch, dass Geld, Ehrgeiz, Engagement, Begeisterung innerhalb der Sportförderung dort investiert werden sollten, wo zumindest die Hoffnung besteht, zum Ziel kommen zu können. Irgendwie sogar zum Wohle beider – des Sportvereins und des Nachwuchssportlers.

Wie würden wir allerdings damit umgehen, wenn eines Tages Scouts von Sportvereinen von den jungen, aussichtsreichen Schützlingen Gentests verlangen würden? Auch diese Scouts würden wissen, dass ihnen solche Gentests (entsprechend dem oben Gesagten) keinerlei Garantien bieten können. Sie wollen lediglich die Chancen stets so hoch halten, wie es nur irgendwie geht. Am liebsten würden sie bei gleich guten Kindern jenen eine weitere optimale Sportförderung zukommen lassen, die auch die höchsten genetischen Chancen haben, eines Tages die richtige Körpergröße, die notwendigen Muskelanlagen, die optimale Körperfettverteilung oder das richtige Organvolumen zu erlangen. Wie hoch steht die Chance für den Sprössling, einmal die notwendige Herzaktivität oder das gewünschte Lungenvolumen zu bekommen, die notwendig sind, um die Konkurrenz zu schlagen? Was also, wenn die Eltern den Funktionären erzählen, dass ihr Sohn doch so gerne Fußballer werden würde und die Antwort der Verantwortlichen aber sein könnte, dass leider nicht die so vielversprechenden Genvarianten gefunden wurden? „Es geht aber doch um viel Geld in der Sportförderung", sagen die einen. „Es geht aber doch um den unbändigen individuellen Willen meines Sohnes, der ihn bestimmt zu einem neuen ‚Schneckerl' Prohaska macht", sagen die anderen. „Diesen Willen, diese Begeisterung haben aber auch solche Nachwuchssportler, die zusätzlich noch die aussichtsreiche Genvariante tragen", könnte erneut erwidert werden. „Warum also nicht das Geld ganz an Stelle von halb optimal einsetzen?" Vielleicht wäre es auf diese Weise niemals zu dem medial so breit getretenen Duell der deutschen Torhüter Oliver Kahn und Jens Lehmann gekommen. Die Frage, wer von den beiden offensichtlich gleich guten Bewachern des heiligen Netzes schließlich als Nummer eins in der deutschen Nationalmannschaft bei der Weltmeisterschaft in der Heimat spielen darf, hätte sich vielleicht nie gestellt. Vielleicht ist einer der beiden Handschuh tragenden Giganten nämlich ganz und gar nicht Träger der optimalen, doch so vielversprechenden Genvarianten. Wen kümmert das heute? Das sind zwei Spitzensportler. Aber stehen wir unmittelbar vor einer Zukunft, in der der eine Nachwuchstorhüter von seinem Verein keine weitere Förderung erfährt, weil ein anderer „genetisch" schneller am Ball ist? Ganz kurz zurückgelehnt und über Fußball nachgedacht, erscheint das gerade in diesem Sport doch wirklich äußerst unwahrscheinlich. Wie viele Komponenten körperlicher und geistiger Natur machen einen Spitzenspieler bei Real Madrid aus? Da spielen Gene eine Rolle – sicher. Aber so wichtig sind sie zweifellos nicht. Nun, ganz klar, weil es eben keine Garantien gibt. Weil auch der Spitzensportler nicht auf seine Gene alleine reduzierbar ist. Weil gerade hier die Umwelt in Form von härtestem Training eine völlig transparente, äußerst wichtige Bedeutung hat. Nur noch einmal ganz kurz zurückgelehnt und über ein Beispiel nachgedacht, das klarer macht, was ich meine und gar nicht aus dem Sport, sondern aus der Kunst kommt. Bei der Aufnahmeprüfung in die Ballettschule wird eine Vielzahl kleinster Jungen und Mädchen gescreent, getestet und befragt, um genau jene auszuwählen, die das größte Potenzial haben. Wie verwundert wären die Eltern eines hoffnungsvollen Nachwuchstalents, wenn allen Kindern im Zuge dieses Aufnahmeverfahrens Blut abgenommen werden würde. Und wie verwundert wären manche Eltern erst, wenn sie durch ein Gentestergebnis über ihr Kind erfahren würden, dass es auf Grund bestimmter Varianten von zum Beispiel Genen für menschliche Wachstumsfaktoren äußerst wahrscheinlich ist, dass das Kind in einigen Jahren zu groß sein oder einen zu starken Knochenbau entwickeln würde. Zu groß und zu stark für Ballett – es tut uns Leid.

Die Genetik des bierbäuchigen Fans

Zurück zum Fußball. Eines, da sind sich allerdings vermutlich fast ausschließlich männliche Menschen einig, ist allerdings ganz sicher genetisch: die fanatische Begeisterung für den Fußball beziehungsweise für einen bestimmten Fußballverein. Einmal Rapid immer Rapid, Bayern München durchdringt die ganze Familie, oder FC Barcelona vom Großvater über den Sohn weiter auf den Enkelsohn vererbt – X-chromosomal rezessiv – keine Frage. Die ungefähr 30.000–40.000 Gene des Menschen „sitzen" in jeder Zelle auf so genannten Chromosomen. Der Unterschied zwischen Mann und Frau ist genetisch und auf den Geschlechtschromosomen zu finden. Die Frau hat von ihren 46 zwei X-Chromosomen als Geschlechtschromosomen, der Mann besitzt X- und ein Y-Chromosom. Das macht also den genetischen Unterschied zwischen Mann und Frau. Zumeist ja. Dass es aber jede Menge Ausnahmen von der Regel gibt, darauf kommen wir noch gleich im Kapitel „Die Sex-Chromosomen" zu sprechen. An dieser Stelle möchte ich eigentlich nur von einer mir oft gestellten Frage erzählen: Warum machen das nur Männer und nie Frauen? Warum gibt es da immer nur Frauen und nie Männer? Denken wir nur an all die beruflichen Klischees. Die Kindergärtnerin, aber der KFZ-Mechaniker, um nur ein Beispiel zu nennen. Ist das Umwelt oder Genetik? Steht etwa irgendetwas auf den Geschlechtschromosomen, ist irgendetwas spezifisch am Y-Chromosom markiert, das sagt: der Kindergärtner – nein, aber der KFZ-Mechaniker – ja? Biologisch existiert ein großer, völlig unumstrittener und doch immer wieder Aufsehen erregender Unterschied zwischen Mann und Frau. Was aber einen Mann zum Mann oder männlich macht, ist genau so kompliziert wie die Frage, was eine Frau zur Frau oder weiblich macht. Wir kommen darauf sehr bald noch genau zu sprechen. Es ist also eine Frage des Verhaltens männlich oder weiblich. Und da ist die Bedeutung der Genetik wiederum sicher schon wieder viel kleiner. Sie werden noch sehen. Der Vater erzieht seinem Sohn also nicht nur die Fußballbegeisterung, sondern auch gleich den richtigen Fußballverein an. Und die Tatsache, dass die Mutter sich nicht für Fußball interessiert, ist reine Erziehung und hat überhaupt nichts mit den Genen zu tun? Bei der konsequenten und flächendeckenden weiblichen Abneigung gegenüber Fußball wäre das wiederum auch irgendwie überraschend.

Es sollten/könnten somit auch lediglich die Begleiterscheinungen der Fußballbegeisterung sein, die das runde Leder so faszinierend für die männliche Welt machen? Grölend mit Kumpels und Bier am Fußballplatz stehen. Grölend mit Kumpels und Bier in der Kneipe vor dem Fernseher sitzen. Nicht grölend und ohne Kumpels, aber auf jedem Fall trotzdem mit Bier zu Hause auf dem Sofa vor dem Fernseher sitzen. Moment, dann ist der gemeinsame Nenner also das Bier? Sollten jetzt einige männliche Leser mit Bierflaschen werfen, so bedenken Sie bitte, dass dieses Buch nichts für seinen Autor kann. Dazu wäre aber trotzdem einiges zu sagen. Viele Betätigungen und Freizeitbeschäftigungen von Männern liegen ausschließlich in einem gemeinsamen Interesse an alkoholischen Nahrungsmitteln begründet, so sehen es zumindest etliche Frauen. Wenn schon nicht das Zugehörigkeitsgefühl zu einem bestimmten Fußballclub, so könnte dieses gemeinsame Interesse doch genetisch sein – ist das nicht möglich?

In gewisser Hinsicht schon. Die Trinkgewohnheiten von Menschen sind bis zu einem gewissen Grad in ihren Genen verankert – unglaublich, nicht wahr? Bereits von uns schon einmal angesprochene Studien an eineiigen Zwillingen haben diesen Verdacht erhoben. Wir erinnern uns. Eineiige Zwillinge sind genetisch identisch. Aus dem Vergleich zwischen genetisch identischen (eineiigen) und genetisch nur halbgleichen Geschwistern (der Normalfall) kann man Schlüsse über die Anteile der Gene und der Umwelt, was bestimmte Merkmale oder Eigenschaften des Menschen betrifft, ziehen. Wenn ein genetisch identischer Zwilling immer dann auch eine höhere Wahrscheinlichkeit, Alkoholiker zu sein, hat, wenn sein Zwilling Alkoholiker ist, spricht das stark für genetische Anlagen dafür. So wurde es auch beobachtet. Aber erst vor kurzem konnten deutsche Genetiker des nationalen Genomforschungsnetzes wirklich offensichtlich verantwortliche Genvarianten hierfür entdecken. In Untersuchungen an hunderten alkoholabhängigen Menschen wurde gezeigt, dass Varianten des Gens CRHR1 dazu führen, dass sich Träger dieser Varianten im Schnitt doppelt so häufig betrinken als Menschen, die diese Genvarianten nicht aufweisen. Gefunden wurde nicht, dass sie häufiger trinken, sondern dass sie unter bestimmten Umständen offenbar wesentlich mehr Alkohol zu sich nehmen. Das CRHR1-Gen spielt eine große Rolle bei der Verarbeitung von Stress. Man hat bei bestimmten Mausstämmen das CRHR1-Gen gentechnologisch kaputt gemacht (ähnliche Experimente sind beim Menschen aus ethischen Gründen natürlich nicht möglich) und entdeckt, dass diese Mäuse in Stresssituationen viel mehr von angebotenem Alkohol trinken als normalerweise. Dass Alkoholsucht eine Krankheit ist, weiß heute jeder. Dass diese Krankheit aber zu 50 bis 60 Prozent vererbt ist, konnte man erst aus den neuesten Studien an CRHR1 und anderen Genen schließen.

Das muss man klar trennen von der Frage, wie viel Alkohol jemand verträgt. Wenn auch diese Frage durchaus Wurzeln in der Genetik hat. Welcher Kumpel nach konstantem Bierkonsum also als Erster vom Sessel fällt, ist genetisch? Wer daher am nächsten Tag behauptet, gestern habe der Brasilianer Ronaldinho ein Traumtor geschossen, obwohl Deutschland gegen Österreich gespielt hat, ist auch irgendwie in den Genen verankert? Ja, irgendwie schon. Es gibt viele biologische Faktoren, die etwas damit zu tun haben, dass der eine mehr und der andere weniger Alkohol verträgt. Einer davon hat schon eine bestimmte Berühmtheit erlangt – die Alkoholdehydrogenase. Der wichtigste Abbauweg des Alkohols im Körper findet nämlich über das Enzym Alkoholdehydrogenase in der Leber statt. Frauen besitzen von diesem Enzym im Schnitt nur halb so viel wie Männer. Und schon haben wir die Erklärung, warum Frauen stets viel weniger Alkohol vertragen als Männer. Ist das jetzt auch schon die Erklärung, warum Frauen sich viel weniger für Fußball interessieren …? Ich sehe schon wieder Bierflaschen fliegen. Die Alkoholdehydrogenase ist unter Genetikern auf jeden Fall ein „Running gag". Die unterschiedliche Alkoholdehydrogenase-Menge stellt vielleicht nämlich den Grund dafür dar, warum ein Mann eine Frau bei gemeinsamem Alkoholkonsum überhaupt betrunken machen kann, in der Hoffnung, eher zu bekommen, was er will (international bekannt, versucht und stets fehlgeschlagen). Die Alkoholdehydrogenase könnte in diesem Zusammenhang auch der Grund sein, warum sich eine Mann eine Frau „schön saufen" kann, wohingegen ein Frau in Ermangelung an genügend Enzym vom Sessel kippt, weit bevor ein Mann überhaupt schön sein kann.

Ein Kommilitone hat mir außerdem einmal erklärt, dass es letztendlich auch die Alkoholdehydrogenase ist, die es möglich macht, dass findige Vertreter der österreichischen Tourismusbranche populationsgenetische Unterschiede in bare Münze verwandeln. Das war Ihnen jetzt zu schnell? Mir vor der detaillierten Erklärung des Studienkollegen auch. Es gibt nämlich bestimmte Genvarianten der Alkoholdehydrogenase, die dazu führen, dass deren Träger Alkohol wesentlich weniger gut vertragen als andere. Interessanterweise sind Träger solcher Genvarianten unter der japanischen Bevölkerung wesentlich häufiger als etwa in Europa (ich glaube ja fast, dass in Finnland eine seit langem bestehende natürliche Wodka-Selektion zum vollständigen Aussterben solcher Genvarianten geführt hat). Österreichische Tourismusunternehmer machen sich diese genetische Tatsache zu Nutze. In riesigen Bussen werden japanische Wien-Touristen in Massen zu Mittag zu Grinzinger Heurigen verfrachtet. Dort bekommt jeder japanische Tourist ein bis zwei Achterl Heurigenwein. Aus ertragssteigernden Überlegungen eine kleine Menge Alkohol also. Ein Menge Alkohol, die zu einer Blutalkoholkonzentration führt, die so niedrig ist, dass sich jeder einheimische Grinzinger dabei wahrscheinlich irgendwie krank fühlt – egal zu welcher Tages- oder Nachtzeit. Diese geringe Menge Alkohol reicht bei unseren japanischen Gästen aber dafür aus, dass sie all jene Reiseandenken, die am Nachmittag organisiert angeboten werden, willig und begeistert kaufen. Populationsgenetische Unterschiede werden offensichtlich dazu missbraucht, regen Souvenirhandel mit unseren japanischen Gästen zu treiben. Irgendwie auch eine genetische Revolution. Aber wie sind wir eigentlich vom Sport über Fußball und Fußballfans zu Alkohol gekommen? Da besteht doch eigentlich überhaupt kein Zusammenhang?

Gendoping

Die Therapie mit Genen

Wir haben bisher davon gehört, dass schwere Erkrankungen des Menschen dadurch ausgelöst werden, dass der Patient eine defekte Variante eines Gens besitzt. Eine Veränderung in einem Gen, die krankheitsauslösend sein kann, nennt man pathogene Mutation. Man kennt heute vielleicht ungefähr 1500 Gensequenzen, von denen man weiß, dass solche Mutationen darin Krankheiten auslösen können oder zumindest die Wahrscheinlichkeit, dass eine Krankheit beim Träger ausbricht, sehr stark erhöhen. Ich glaube eigentlich nicht, dass jemand unter den Lesern dieses Buches ist, der nicht Träger einer pathogenen Mutation ist – hoffentlich für eher leichtere Erkrankungen. Wenn man aber bedenkt, dass man bereits Mutationen kennt, welche die Wahrscheinlichkeiten für das Auftreten so häufiger Erkrankungen wie Arteriosklerose, Migräne oder Depressionen beeinflussen, so sind wir doch höchstwahrscheinlich alle irgendwie genetisch betroffen. Im vorigen Kapitel war davon die Rede, dass es Varianten von Genen gibt, die damit in Verbindung stehen, dass etwa nicht das für eine bestimmte Sportart so sehr gewünschte optimale Muskelwachstum eintritt. Träger einer anderen Variante des ACTN3-Gens sind beispielsweise viel häufiger unter Topsprintern zu finden als unter Toplangstreckenläufern. Dies hängt vermutlich damit zusammen, dass die Muskelentwicklung genetisch gesteuert für die eine Sportart besser abläuft als für die andere. Durch Training kann man hier dann zwar vieles, aber nicht alles erreichen. Und im Spitzensport würden sehr viele Menschen eben wirklich alles dafür tun, um es eines Tages zu erleben, an dem sie sich verbeugen müssen, damit ihnen irgendein Sportfunktionär eine Medaille um den Hals hängen kann. Diese beiden Beispiele für Konsequenzen bestimmter Variationen von Genen betreffen mit Sicherheit ganz andere Ebenen des menschlichen Lebens. Im ersten Fall entscheiden Genvarianten darüber, ob jemand gesund oder krank ist. Im zweiten Fall beeinflussen sie lediglich das Rüstzeug für die professionelle Ausübung bestimmter Sportarten von vollkommen (mehr als) gesunden Menschen. Und doch haben diese beiden Beispiele etwas gemeinsam.

In beiden Fällen ist es der Wunsch der Betroffenen, doch eigentlich lieber Träger einer anderen Variante eines Gens zu sein. Kann der Genetiker da heute oder in Zukunft helfen? Kann man eventuell eine funktionierende (im Fall der Krankheit) oder eine anders funktionierende (im Fall des Sports) Genvariante einem Menschen auf irgendeine Weise verabreichen? Grundsätzlich gesagt – ja, das geht. Aber auf den Punkt gebracht, es ist heute noch äußerst schwierig und funktioniert daher zurzeit auch noch äußerst schlecht. Bei dem Verfahren der Gentherapie benötigt man nämlich geeignete Transportmittel, die die Gene im Körper des Menschen an Ort und Stelle bringen. Was sind die richtigen Transportmittel und was ist der richtige Ort dafür im menschlichen Körper? Bei den Transportmitteln haben sich Genetiker wirklich schon sehr viele Gedanken gemacht und auch ziemlich viel bereits ausprobiert. Aktuell erscheinen Viren die noch besten Fähren für Gene zu sein. Ein Virus betreibt irgendwie ja immer „Gentherapie" – Therapeutisches ist freilich wenig daran. Ein Virus stellt selbstständig gar kein Leben dar. Es benötigt, um sich zu vermehren, einen Körper, genauer gesagt Körperzellen. Viren dringen in den Körper ein und infizieren dort Zellen des Körpers. Dort können diese Viren dann oft nur kurz verweilen oder aber auch, wie beim Herpesvirus, ein Leben lang als Untermieter des Menschen leben. Zuerst infizieren Herpesviren Haut- und Schleimhautzellen. Dabei kommt es zu einer starken Vermehrung der Viren, und die infizierten Zellen sterben ab. Bevor aber unser

Immunsystem, also unsere Wächter im Körper, diese Viren wirklich entdeckt haben, schleichen Herpesviren still und leise im Körper weiter und infizieren Nervenzellen. Dann ist es passiert! Das Herpesvirus bleibt schließlich als Gast für immer im menschlichen Körper. Vielleicht ungefähr 80 Prozent aller Europäer haben diesen unliebsamen Gast bei sich wohnen. Ungefähr 30 Prozent davon erleiden immer wieder Herpes-Erkrankungen, wie zum Beispiel die lästigen Fieberblasen. Diese bekommt man bekanntlich immer dann, wenn die Vermehrung, also auch die Aktivität des Virus', durch irgendwelche äußeren Einflüsse ausgelöst wird. Wir wissen, solche äußeren Einflüsse können bei jedem ganz verschieden sein und reichen von Fieber, psychischem Stress bis zur starken Sonneneinstrahlung. Für mich immer wieder ein etwas gruseliger Gedanke, dass ich ständig Viren in meinem Körper habe, die nur darauf warten, ihre Behausung, die Nervenzellen, zu zerstören, um wieder lästige Fieberblasen auszulösen.

Wie auch immer, zurück zur Gentherapie. Nicht gerade Herpesviren, aber andere Viren könnten doch dafür verwendet werden, dass sie neben den ganz wenigen eigenen Genen auch die Genvariante mit in den Körper des Menschen bringen, von der sich der Patient oder der Sportler eben wünscht, sie zu besitzen. Genetiker „bauen" dafür Viren gentechnologisch um. Sie können sich bestimmt vorstellen, dass solche Unternehmungen sehr kompliziert und aufwändig sind. Ja schon, aber irgendetwas muss das lange Studium doch gebracht haben – oder nicht? Schwierig sind solche Verfahren auch deshalb, weil – um mit einem alten Lehrer von mir zu sprechen – ein Genetiker nichts sieht, riecht oder hört. Gemeint ist damit natürlich, dass Gene viel zu klein sind, um sie zu sehen, dass Gene nicht stinken und auch keine Geräusche machen. Genetiker zerstören bei diesem Vorhaben dann weiters die genetische Kraft von Viren, Schnupfen oder irgendwelche anderen Erkrankungen auszulösen, erhalten dabei aber vollständig die virale Fähigkeit, Zellen des menschlichen Körpers zu infizieren. Dann „bauen" sie dem Virus zusätzlich die menschliche Genvariante ein, die den gewünschten Effekt bringen soll. Dieses neue, gentechnisch veränderte Virus lassen sie dann auf den Menschen los.

Ein konkretes Beispiel: Wir haben in diesem Buch bereits die schwere Erkrankung Cystische Fibrose erwähnt. Bei dieser (früher als Mukoviszidose bekannten) Erkrankung kommt es durch Mutationen in einem Gen mit dem Namen CFTR zu einer Veränderung der Sekrete in Lunge, Bauchspeicheldrüse, Darm, Schweißdrüsen und Leber. Häufig sterben davon betroffene Kinder noch vor dem 6. Lebensjahr, heute überleben 30 Prozent der Erkrankten aber bereits das 20. Lebensjahr. Die gentherapeutische Idee wäre bei diesen Menschen vor allem, Zellen der betroffenen Organe mit Viren zu infizieren, die ein intaktes, funktionierendes CFTR-Gen mitbringen. Es wurden eigene Sprays entwickelt, die eine Lösung mit einer hohen Konzentration an solchen Viren gleichsam wie bei einem Atemspray in die Atemwege bringen, mit der Hoffnung, dadurch die normale Funktion von Lungenzellen wieder herstellen zu können. An vielen verschiedenen gentherapeutischen Ansätzen forscht man weltweit. So verlockend und gleichzeitig vielversprechend diese Methode wäre, genauso wie bei der Cystischen Fibrose klappt es auch bei den anderen getesteten Erkrankungen nur äußerst schlecht. Wie, wie viel, wann, wie lange muss von welchem Gen genau zu welchen Zellen des menschlichen Körpers gebracht werden, um die eine oder eben die andere Krankheit damit effizient therapieren zu können? Sehr viele offene Fragen. Zusätzlich sind die Aspekte von Nebenwirkungen noch kaum erforscht. Was passiert, wenn das Gen in die falsche Zelle gelangt? Ja, jede Zelle des Menschen hat natürlich alle Gene. Aber nur ein Teil davon ist beispielsweise in einer Hautzelle aktiv, ein anderer Teil in einer Lungen- oder in einer Nervenzelle. Was würde passieren, wenn ein Gen, das normalerweise in der Lunge aktiv sein muss, jetzt plötzlich in einer Nervenzelle durch Virusinfektion aktiv wird? Wie spezifisch sind Viren überhaupt – infizieren sie nur diese Zelltypen und niemals andere? Das Gebiet der Gentherapie musste gerade auch in jüngster Zeit viele Rückschläge hinnehmen. Neben Erfolgen wurde auch von schwersten, ja sogar tödlichen Nebenwirkungen in so manchen Fällen berichtet. Auf der anderen Seite erinnert man sich gerne an die Anfänge der Pioniere der Gentherapie in den USA vor ungefähr 15 Jahren zurück. Begonnen hat es mit einem damals vierjährigen Mädchen, das an einer Erkrankung mit dem Namen Adenosin-Desaminase-Mangel litt. Viele von uns kennen Bilder von Kindern, die ihr Leben unter Zelten in Spitälern verbringen müssen, die von ihren Eltern nie berührt werden dürfen. Mit eigens für diese Kinder angefertigten Raumanzügen wollte man ihnen ermöglichen, einmal in ihrem Leben das Spitalszimmer, das Zelt zu verlassen. Diese kleinen Patienten werden auch immer wieder Bubble-Kinder genannt, weil sie ihr Leben unter einer Blase verbringen müssen. Lange dauert solch ein Leben leider ohnedies in den meisten Fällen nicht. Der Grund dafür ist eine Mutation in einem Gen mit dem Namen ADA. Diese Mutation führt zu einem schweren kombinierten Immunmangel (SCID = severe combined immunodeficiency). Diese Kinder weisen kein intaktes Immunsystem auf. Schon die kleinste Infektion, also jeglicher Kontakt mit der Außenwelt, wäre für sie tödlich. Bei dem erwähnten Mädchen haben Wissenschafter über Gentherapie ein intaktes ADA-Gen in Blutzellen des Kindes geschleust, bevor sie dieses Blut dem Mädchen wieder durch Infusion gegeben haben. Das Kind konnte darauf ganz normal eine Schule besuchen! Es ist für mich immer wieder faszinierend. Trotz der vielen Rückschläge und offenen Fragen sind sich alle Genetiker dieser Welt einig: Die Gentherapie ist das wahrscheinlich zukunftsträchtigste Gebiet unserer Zunft. Und es kann sein, dass sich bereits unsere Enkel eine Zeit ohne routinemäßige Anwendung solcher Therapien nicht mehr vorstellen können.

Tea for two, ein bisschen Gen dazu

Andere Beispiele für gentherapeutische Ansätze zur Heilung von schweren Erkrankungen könnten den Bogen zum Sport spannen.

Lassen Sie mich erklären. Menschen, die an der schweren Erkrankung Muskeldystrophie Typ Duchenne leiden, verfügen über Genmutationen, die dazu führen, dass ihre Muskeln kein funktionierendes Dystrophin-Protein enthalten. Es kommt dadurch zu einem fortschreitenden Muskelfunktionsverlust. Zwischen dem 8. und 12. Lebensjahr können die kleinen Patienten nicht mehr selbst laufen und sind ab dann auf einen Rollstuhl angewiesen. Oft vor dem zwanzigsten, meist vor dem dreißigsten Lebensjahr sterben diese Patienten an Fehlfunktionen der Herz- beziehungsweise der Atmungsmuskulatur. Verständlicherweise denken viele Genetiker über gentherapeutische Ansätze zur Muskelfunktionsverbesserung nach. An zum Teil lebensbedrohlicher Muskelschwäche leiden aber auch viele andere kranke oder einfach nur ältere Menschen. Dementsprechend ist die Frage nach biologischen Hilfsmitteln von großer Bedeutung. Ich möchte jetzt wirklich nicht pietätlos sein, aber die Muskelmasse interessiert auch noch andere. In der Rinderzucht ist es für Züchter von größtem Interesse, Rinderrassen mit möglichst ausgeprägter Muskelmasse zu züchten. Konsumenten wissen, dass Rindermuskelfleisch ohne Fett ein sehr schmackhaftes, nahrhaftes und vor allem (heute so wichtig) kalorienarmes Nahrungsmittel darstellt. Muskelforschung ist also „in".

Ein Protein mit dem Namen IGF-1 bildet einen wichtigen Regulator des Aufbaus von Nerven, aber auch für die Funktion von Muskelzellen im Körper. Das weiß man schon länger. Die Einnahme von IGF-1-Präparaten zur Leistungsverbesserung im Bodybuilding ist wahrscheinlich schon weiter verbreitet, als es den ausnahmslos sportlichen und fairen unter den Bizepsgiganten wahrscheinlich selbst lieb ist. Einerseits, weil es sich doch offensichtlich um unfairen Einsatz nicht erlaubter Mittel handelt; andererseits aber auch, weil bei solch einer Einnahme von IGF-1-Präparaten mit sehr schweren Nebenwirkungen, wie zum Beispiel einer erhöhten Gefahr für das Auftreten von Brust- oder Prostatakrebs, gerechnet werden muss. Eine kleine Randbemerkung:

Wenn man gentherapeutisch (wie oben besprochen) das IGF-1-Gen direkt in Muskelzellen einbringt, was man in Tiermodellen alles schon ausprobiert hat, kann man IGF-1 nicht im Blut oder im Urin nachweisen. Pech für Dopingkontrolleure, Glück für … niemanden.

Vor nicht allzu langer Zeit haben britische Genetiker den Mechano Growth Factor (MGF) entdeckt. Dieses Protein ist dafür verantwortlich, dass Muskelzellen wachsen, wenn man Muskeltraining betreibt. Ich glaube, mehr brauche ich nicht zu sagen. Die Wissenschafter haben gentherapeutisch das Gen für MGF in die Beinmuskeln von Mäusen eingebracht. Innerhalb von nur zwei Wochen sind die Muskeln dieser Mäuse um 25 Prozent angewachsen! Um 25 Prozent! Vorausgesetzt, man entdeckt hier nicht auch Nebenwirkungen wie bei IGF-1, wäre das doch ein Ansatz, spezifisch kranken oder einfach älteren Menschen wieder mehr Mobilität zu verleihen. Gendoping für bestimmte Sportarten wäre aber auch hier genauso denkbar. MGF-Gentherapie direkt in den gewünschten Muskel wäre wieder äußerst schwer im Blut oder Urin nachweisbar – nicht zuletzt deshalb, weil es sich hier um einen Faktor handelt, der im Muskel normalerweise auch vorkommt. Das zusätzlich hergestellte MGF lässt sich von dem natürlich vorkommenden nicht unterscheiden.

Ein anderer Wachstumsfaktor mit dem Namen Myostatin bewirkt das Gegenteil. Myostatin lenkt den Muskelabbau. Das bedeutet folglich immer, wenn viel Myostatin da ist, gibt es wenig Muskelmasse. Woher ich das weiß? Bei Mäusen, bei denen Genetiker dieses Gen kaputt gemacht haben (wir haben schon von solchen so genannten Knock-out-Experimenten gehört und auch gesagt, dass dies aus ethischen Gründen natürlich beim Menschen nicht in Frage kommt), tritt ein äußerst starkes Muskelwachstum auf. Und jetzt gleich gleitend zu dem gerade angesprochenen Interesse der Rinderzüchter an solcher Forschung. Jeder, der das erste Mal ein Rind der Rassen „Piedmontese" oder „Belgien Blue" sieht, glaubt beim ersten Eindruck, dass jemand bei diesen

Tieren mit einer Fahrradpumpe jeden einzelnen Muskel auf mindestens das Doppelte seiner natürlichen Größe aufgeblasen hat. Diese Tiere erinnern mich immer an die durch den Wasserdruck aufgeblähten Stellen eines Gartenschlauches, wenn gerade jemand mit seinem Fuß das Weiterlaufen des Wassers verhindert. In der Tat ist das aber alles reine Muskelmasse. Diese enormen Muskelpakete entstehen bei diesen Tieren deshalb, weil sie Träger einer Mutation in ihrem Gen für Myostatin sind! Mahlzeit. Ein Gendefekt also bei Rindern, um den sie eine nicht vernachlässigbare Anzahl an Sportlern vielleicht beneidet. Benötigen würden diese Athleten folglich eine umgekehrte Gentherapie mit dem Ziel, das Myostatin-Gen an bestimmten Stellen des Körpers zu inaktivieren. Heute noch etwas schwierig, aber in Zukunft durchaus denkbar. Was sagen Sie? Und was meinen Sie dazu, dass wir gerade ein gemeinsames Interesse der Tierzucht und des Spitzensports an „Gentherapie" (vielleicht sollte man dieses Wort in diesem Zusammenhang schon ausnahmslos durch Gendoping oder Genmanipulation ersetzen) entdeckt haben könnten? Genauso wie bestimmte Sportler gerne Muskelentwicklung durch Beeinflussung von Myostatin steuern würden, könnte die Schweine- oder Rindermast Interesse daran haben, das Myostatin-Gen auch in anderen Rassen auszuschalten.

Im vorigen Kapitel ging es darum, dass bestimmte ACTN3-Genvarianten bei Sprintern häufiger vorkommen als bei Langstreckenläufern – wahrscheinlich auf Grund ihrer Bedeutung für die Entwicklung bestimmter Muskulatur. Abhängig davon, welchen Sport ich nun professionell ausüben möchte, brauche ich also eine Gentherapie mit der einen Genvariante oder eben mit der anderen. Ganz allgemein abhängig davon, welcher Sportart mein Herz gehört, werden meine Betreuer mir den richtigen Gentherapiecocktail von ACTN3, IGF-1, MGF oder Myostatin mixen. Die „kleine Schummelei" mit dem Ziel der optimalen Muskelentwicklung wird schwer nachweisbar sein, weil die gentherapeutisch verabreichten Moleküle meinen natürlichen Gegenstücken wie aufs Haar gleichen, oder im Blut oder Harn gar nicht, oder vielleicht nur mit sehr komplizierten und teuren genetischen Verfahren nachweisbar sind … Das ist wahrlich zurzeit noch eher Zukunftsmusik. Die philosophisch ungelöste Frage ist aber – wann endet eigentlich die Gegenwart und wann beginnt die Zukunft? Bei manchen Fragen scheint die Zeit schneller zu laufen, abhängig davon, wie groß das Interesse an dem zu Erreichenden und wie viel Geld es den Interessenten wert ist. Niemand sollte sich auf das doch so hohe Ethos der Genetikerzunft verlassen. Wenn ich eines weiß, dann ist es das, dass Genetiker auch nur Menschen sind und ihre Kinder ebenfalls ständig neue Fahrräder benötigen (meine Kinder haben gerade neue bekommen). An solchen Entwicklungen kann eine Unzahl an Industriezweigen Interesse anmelden. Ein bisschen weniger Pomuskel, ein bisschen mehr Bizeps- und Bauchmuskel … und schon ist das Thema von Entwicklungen berührt, denen die Unterscheidung zwischen medizinischer Notwendigkeit für kranke Patienten und einfacher Dienstleistung als Dienst am Kunden sehr schwer fällt. Denken Sie nur daran, wenn erst eines Tages Gene entdeckt werden, die das Altern der Haut kontrollieren oder den Haarausfall regulieren. Aber Moment, das gibt es doch schon. Warten Sie noch ein wenig, bis wir bei dem Kapitel „Das Anti-Aging-Gen" angelangt sind. Da sehe ich erst einen gentherapeutischen Tsunami (oder sollte man dann nicht besser von einem genoptimierenden Tsunami sprechen?) auf uns zukommen. Und dann schaue ich mir die Fahrräder der Kinder meiner KollegInnen ganz genau an.

Die Sex-Chromosomen

Bei der Frage, warum Männer praktisch immer und Frauen quasi nie begeisterte Fußballfans sind, haben wir ein unumstritten spannendes Betätigungsfeld für Genetiker nur kurz gestreift. Was ist warum männlich und was ist warum weiblich? Gibt es so etwas wie „typisch weiblich" oder „typisch männlich" überhaupt? Und wenn ja, welche Rolle spielen dabei die Gene? Warum parken Frauen so schlecht ein – weil Männer ihnen immer weismachen wollen, dass fünf Zentimeter sehr lang sind? Auf diesem Niveau können und wollen wir nicht bleiben. Was ist also das Geschlecht, was ist Sexualität, was ist sexuelle Identität und was ist die sexuelle Revolution? Letzteres streichen Sie bitte auch einfach wieder. Zu der Frage der sexuellen Revolution wissen Genetiker (ausnahmsweise einmal) nichts zu sagen. Da das Fach Genetik noch so jung ist, kann jemand, der ausgebildeter Genetiker ist, gar nicht wissen, wie das Leben auf Erden vor der sexuellen Revolution war und hat daher keinerlei Vergleichsmöglichkeiten. Also muss darüber geschwiegen werden.

Ich vertrete bei diesem so komplexen Thema immer wieder konsequent meine Ansicht, dass es sehr wichtig ist, hier zuerst einmal Gliederungen vorzunehmen (wie wahllos und planlos sie auch sein mögen), bevor man zu diskutieren beginnt. Worüber reden wir? Worüber redet man doch so gerne? Ich versuche dann stets drei Aspekte voneinander zu trennen:

1. Das Verhalten. Gibt es so etwas wie ein weiblicheres Verhalten beziehungsweise ein männlicheres Verhalten? Können Ersteres nur Frauen und Letzteres nur Männer haben und ist das genetisch?

2. Um diesen ersten Aspekt erläutern zu können, müssten wir eigentlich schon geklärt haben: Was ist eine Frau und was ist ein Mann beziehungsweise was denkt man selbst über sich, zu welchem Geschlecht man gehört oder welches Geschlecht man hat? Sie sehen schon, diese beiden Punkte hangen untrennbar zusammen. Der von mir gewählte Untertitel „Bin ich weiblich oder männlich?" ist wahrlich von höchster Komplexität. Auch ein Mann kann sich fragen, ob er männlich oder weiblich ist, und auch eine Frau kann mitunter männlich sein (wollen). Dafür müsste aber eben zuerst überhaupt geklärt sein, ob es sich wirklich um eine Frau handelt und welche Kriterien das festlegen. Jetzt drehen wir uns beabsichtigt im Kreis, um die untrennbare Verkettung dieser beiden Aspekte noch einmal zu unterstreichen. Aufklären werden wir es anschließend ganz in Ruhe und im Detail.

3. Der noch versprochene dritte Aspekt betrifft die Frage der sexuellen Orientierung. Liebe ich Männer oder bevorzuge ich Frauen? Bin ich ein Mann und liebe Frauen, so bin ich heterosexuell. Bin ich ein Mann und liebe Männer, so bin ich homosexuell. Ebenso verhält es sich bei Frauen. Auch dieser Punkt ist stark mit dem zweiten Aspekt verknüpft, und trotzdem behandle ich ihn etwas später unter „Mag ich weiblich oder männlich?". Denn um all diese Fragen zu beantworten, muss ich ja auch zuerst wissen, welchen Geschlechts ich eigentlich bin. Sie meinen, jetzt drehe ich durch? Das ist doch sonnenklar, welchem Geschlecht man angehört! Sollten Sie wirklich fest dieser Ansicht sein, so wird das nun Folgende für Sie nur umso spannender.

Bin ich weiblich oder männlich?

Die Gene spielen eine riesige Rolle bei der Frage, ob jemand männlich oder weiblich ist. Der Mensch hat 46 Chromosomen. Männliche und weibliche Mitglieder unserer Art unterscheiden sich durch die Geschlechtschromosomen. Ein Mann besitzt unter seinen 46 Chromosomen zwei Geschlechtschromosomen, ein X- und ein viel kleineres Y-Chromosom. Eine Frau hat unter ihren 46 Chomosomen ebenfalls zwei Geschlechtschromosomen, allerdings zwei X-Chromosomen. Die weibliche Genetikerin sagt daher zu ihrem männlichen Kollegen: „Wie du siehst, braucht der Mensch kein Y-Chromosom zum Leben. Man lebt sehr gut, nein eigentlich viel besser, ohne Y-Chromosom. Aber ein menschliches Leben auf Erden ohne X-Chromosom gibt es nicht!" Der männliche Genetiker erwidert darauf: „Das mag schon sein, aber andererseits kannst du X-Chromosomen haben so viel wie du willst: Ist nur ein einziges kleines Y-Chromosom im Spiel, so wird man männlich. Männlich ist also dominant über weiblich." Und Recht haben sie beide. Natürlich ist es wahr, dass man kein Y-Chromosom braucht, um wunderbar über die Runden zu kommen (so erzählen es mir Frauen). Und es ist auch wahr, dass menschliches Leben ohne ein X-Chromosom nicht existieren kann. Es gibt den Fall, dass Kinder zur Welt kommen, die nur ein X-Chromosom haben und kein zweites Geschlechtschromosom, auch kein Y-Chromosom. Diese Mädchen weisen das so genannte Turner-Syndrom auf. Es sind Mädchen, die zumeist unfruchtbar und kleiner sind, aber sonst auch sehr gut das Leben meistern. Den Fall, dass ein Kind geboren wird, das nur über ein Y-Chromosom verfügt und über kein zusätzliches zweites Geschlechtschromosom, gibt es umgekehrt aber nicht. Das vollständige Fehlen von X-Chromosomen ist beim Menschen nicht lebensfähig. Die oben zitierte Genetikerin hat also Recht. Recht hat aber auch ihr männlicher Kollege. Denn tatsächlich bedeutet das Vorhandensein eines Y-Chromosoms, dass man männlich wird – da gibt es keine Kompromisse. Männer, die neben ihrem Y-Chromosom nicht nur wie normalerweise ein X-Chromosom haben, sondern beispielsweise zwei, sind immer noch so genannte Klinefelter-Männer, wenn auch bestimmte verweiblichte Anlagen nachweisbar sind.

Bei dieser Gelegenheit verkünde ich eine Hiobsbotschaft für alle Mega-Machos und Super-Emanzen dieser Welt: Ganz am Anfang sind wir alle gleichen Geschlechtes! Das Leben beginnt für Männer und Frauen dieses Planeten, was die Geschlechtsentwicklung anlangt, komplett identisch und geht auch einige Wochen noch so vollkommen verwechselbar dahin. Die Sache entscheidet letztlich eine Genregion, die am Y-Chromosom sitzt. Ist diese so genannte SRY-Region (SRY steht für sex determining region on Y chromosome, also geschlechtsbestimmende Region am Y-Chromosom) vorhanden, beginnen sich Hoden und all das, was einen Mann zum Mann macht, auszubilden. Dieser Formulierung würde Clint (redet nichts, aber schießt gut) Eastwood wahrscheinlich in keinem seiner Westernfilme zustimmen. Was einen Mann zum Mann macht, sind ganz andere Dinge ... wir wissen schon. Ist diese SRY-Region nicht vorhanden, so geht es ab in Richtung „weiblich". Also letztendlich entscheidet irgendwie diese SRY-Region, was einmal daraus werden soll. Natürlich macht sie das nicht ganz alleine. Aber eindeutig läuft es in die eine Richtung oder eben in die andere – XY oder XX – männlich oder weiblich – Basta! Mitnichten ...

An diesem Punkt ist es jetzt sehr wichtig zu erklären, dass hier auch einiges anders laufen kann. Eine relative große Gruppe an ganz verschiedenen genetischen Veränderungen nämlich kann, in verschiedenen Ausprägungen wohlgemerkt, dazu führen, dass ein Kind geboren wird, das von seinen Geschlechtsanlagen weder eindeutig dem einen noch dem anderen Geschlecht zuordenbar ist. Unter Intersexualität oder Zwittertum versteht man grundsätzlich das gemeinsame Vorliegen von männlichen und weiblichen Merkmalen bei einem Individuum. Bei medizinisch echtem Hermaphroditismus liegt gleichzeitig Hoden- und Eierstockgewebe vor. Was das Urogenitalsystem betrifft, gibt es unzählige Übergänge vom „normal weiblichen" zum „normal männlichen" Typ. Niemand, der sich nicht mit diesem vollkommen totgeschwiegenen Thema beschäftigt hat, könnte sich vorstellen, dass man heute schätzt, dass vielleicht jedes zweitausendste Baby irgendeiner Art Operation unterzogen wird, weil es eben nicht ganz perfekt in die Kategorie des einen oder des anderen Geschlechts passt. Was aber passiert mit solchen Babys, die eigentlich wirklich irgendwo ziemlich genau in der Mitte liegen? Was heute konkret in jedem einzelnen Fall geschieht, ist schwer zu sagen, weil hier entsprechend den so individuellen medizinischen Ausgangssituationen individuell sehr unterschiedliche Entscheidungen getroffen werden. Man weiß heute dank des Fortschritts der Medizin schon so viel mehr darüber. Was aber noch vor 30 Jahren passierte, ist einer breiten Öffentlichkeit über viele Betroffene, die ihre Geschichte recherchierten und erzählten, bekannt geworden. Den Eltern wurde sehr oft, in manchen Ländern und Spitälern mehr oder weniger routinemäßig, von Kinderärzten und Chirurgen geraten, Operationen an ihren Kinder durchführen zu lassen, die das Ziel hatten, zumindest möglichst nahe an „weiblich" oder „männlich" heranzukommen. Der innovativen Einfallskraft von Ärzten, was an Geschlechtsanlagen zu was umoperiert, was in welche Richtung operativ modelliert werden konnte, schien keine Grenzen gesetzt. Das war im Falle vieler Kinder vielleicht beziehungsweise wahrscheinlich auch das richtige Vorgehen. Für andere aber … Die Frage, die Ihnen nach all dem bisher Gesagten wohl jetzt gerade bereits durch den Kopf schießt, lautet doch: „Wie haben Ärzte und Eltern entschieden, in welche Richtung der Weg gehen sollte? Wie haben sie entschieden, ob eher männlich oder eher weiblich das Ziel sein sollte? Hat man genetische Untersuchungen dieser Kinder zu Rate gezogen?" Zum Teil ja. Da aber meist, oder zumindest sehr oft, genetische Veränderungen für die eingetretene Situation verantwortlich waren, war das in vielen Fällen auch keine Lösung. Warum genetische Unter-

100

suchungen in solchen Fällen außerdem nicht (immer) Antwort geben können, darauf komme ich gleich zu sprechen. Selbst was das Geschlecht anlangt, lässt sich nämlich der Mensch offensichtlich nicht auf seine Gene reduzieren. Bin ich weiblich oder männlich? Es erscheint heute auf jeden Fall, dass die in diesem Untertitel formulierte Frage eigentlich noch ergänzt werden müsste. Will ich überhaupt weiblich oder männlich sein? In den USA gab es und gibt es schon eine breitere Diskussion dieser Thematik. Es wurde von Ärzten berichtet, die von Patienten verklagt wurden, weil sie einen zwischengeschlechtlichen Status operativ nach der Geburt in die eine oder die andere Richtung korrigiert haben. Unbestritten bleibt auf jeden Fall, dass sich sehr viele so operierte Menschen in der ihnen zugedachten Geschlechterrolle, in diesem chirurgisch derart modellierten Körper, äußerst unwohl fühlten und fühlen. Weniger, so scheint es, haben die Betroffenen den Eindruck, dass etwa das falsche Geschlecht für sie ausgesucht wurde. Vielmehr scheint es ein oft anzutreffendes Gefühl dieser Menschen zu geben, dass Zwischengeschlechtlichkeit (Intersexualität) keine Abweichung von den Normen „männlich" oder „weiblich" ist, sondern eine dritte Norm – eben ein drittes Geschlecht. Viele Betroffene versichern mehr als glaubhaft, dass es wahrscheinlich zumindest aus ihrem Dafürhalten heraus besser gewesen wäre, sie so zu belassen, wie die Natur das für sie vorgesehen hat.

Ob aber XY männlich, oder XX weiblich, oder durch bestimmte genetische Veränderungen intersexuell (oder man sollte im letzten Fall heute vielleicht besser von speziellen genetischen Anlagen sprechen), die Gene scheinen den Ton anzugeben. Welchem Geschlecht jemand angehört, entscheiden die Gene, und nur die Gene – basta! Und schon wieder – mitnichten … Natürlich ist es vollkommen richtig, dass der größte Anteil aller Menschen, der einen Chromosomenstatus von XX hat, sich weiblich fühlt und auch als Frau lebt. Und natürlich glauben fast alle XY-Menschen, dass sie Männer sind und leben auch als Männer.

Dementsprechend ist gewissermaßen der Beweis erbracht. Die Umwelt spielt für diese Fragen keinerlei Rolle, hier regiert allein die Genetik. Fast, aber eben nicht ganz! Ich erzähle Ihnen zwei unglaubliche Geschichten, die ähnlicher und zugleich verschiedener kaum sein könnten. Diese beiden Geschichten boten in all ihrer Tragik die wohl faszinierendsten Möglichkeiten, Licht in das so spannende Dunkel zu bringen, ob Gene oder Umwelt oder beides das Geschlecht des Menschen bestimmen. Und eigentlich ist es ziemlich duster um diese Frage geblieben. Aber lassen Sie mich erzählen. Die erste Geschichte handelt von einem sieben Monate alten Bub. Als er im Zuge einer großen Familienfeier beschnitten werden sollte, passierte das Fürchterliche. Der Bub wurde so schwer an seinen Genitalien verletzt, dass die behandelnden Ärzte nur mehr einen Rat wussten. Sie schlugen den Eltern vor, den Jungen in seinem Genitalbereich zu einem Mädchen umzuoperieren. Dies müsste dann aber logischerweise auch zur Konsequenz haben, dass die Eltern das Kind von diesem Moment an als Mädchen groß- und erziehen. Eine äußerst schwere Entscheidung für die Eltern, die schließlich schweren Mutes zustimmten. Der Junge bekam einen Mädchennamen und eine Hormonbehandlung. Er wurde großgezogen, ohne für ihn selbst oder für seine Umwelt in Frage zu stellen, dass er eindeutig ein Mädchen sei. Er erhielt Puppen zum Spielen, trug Kleider und Röcke und wurde von seiner gesamten Umwelt als Mädchen behandelt. Er sah letztendlich auch aus wie ein Mädchen. Er hatte aber den Chromosomenstatus XY! Was für ein unglaublicher Test für die Frage: Genetik oder Umwelt – wer bestimmt das Geschlecht, wer bestimmt das innere Gefühl eines Menschen über sich selbst? Würde dieser Junge, der stets und ausschließlich gesagt bekam, er sei ein Mädchen, der vollkommen als Mädchen großgezogen wurde, dessen Freundinnen davon ausgingen, er sei ein Mädchen – würde dieser Junge auch von sich selbst glauben, er sei ein Mädchen? Eigentlich war es von Anfang an anders. Obwohl man ihm stets Puppen zum Spielen gab, hatte er eigentlich nur mit „männlicherem"

Spielzeug Freude. Und dann brach es durch. Ohne dass sich an seiner Umwelt oder seiner Erziehung irgendetwas geändert hätte, gab sich dieses Kind in der Pubertät selbst einen Knabennamen und begann von sich aus als Knabe zu leben, obwohl er äußerlich zumindest (mehr) weibliche Geschlechtsorgane hatte. Unglaublich – nicht wahr? Die Genetik hat sich gegenüber den Umwelteinflüssen, gegenüber der Erziehung der Eltern durchgesetzt! Die Genetik bestimmt also das Geschlecht beziehungsweise das, was ein Mensch von sich selbst glaubt, welchem Geschlecht er oder sie angehört. Ich möchte dieses Beispiel an dieser Stelle sicher nicht banalisieren. Aber wir haben darüber gesprochen, dass die Fußballbegeisterung der Männer vielleicht einfach von ihren Vätern anerzogen ist, genauso wie das Spielen mit Puppen Töchter von ihren Müttern gezeigt bekommen. Die Gene dieses Jungen scheinen ihm aber gesagt zu haben, dass er eher Fußball- als Barbiefan ist, dass er eher Hosen als Röcke tragen soll, obwohl seine Umwelt etwas anderes mit ihm vorhatte. Wenn das nicht unglaublich ist. Also doch genetische Anlagen für „typisch männlich" und auch genetische Anlagen für „typisch weiblich". Die Macht der Gene!

In der Tat scheint es aber mit der Macht der Gene, zumindest was das ganz tief im Inneren sitzende Gefühl eines Menschen über sich selbst und seine Geschlechterrolle anlangt, bei weitem nicht so weit her zu sein, wie wir jetzt denken würden. Die zweite Geschichte nämlich, die ich Ihnen jetzt erzähle, handelt von einem anderen Jungen, dem nahezu dasselbe Schicksal widerfuhr. Auch er wurde im Zuge einer Beschneidung ganz ähnlich schwer verletzt. Auch er wurde schließlich umoperiert und vollkommen in dem Glauben erzogen, ein Mädchen zu sein. Genau wie in dem ersten Fall spielte er mit Puppen und trug Röcke. In diesem Fall aber schien die Umwelt über die Gene zu siegen. Denn obwohl dieser Mensch genetisch eigentlich männlich ist, also ein X- und dazu das „männliche" Y-Chromosom trägt, lebt dieses „Mädchen" angeblich heute noch als Frau, mit der festen Überzeugung, weiblich zu sein. Obwohl wirklich wissenschaftliche Studien dazu fehlen, ja eigentlich fehlen müssen, und obwohl die Fallzahl solcher „Experimente" von Natur aus glücklicherweise äußerst klein ist, ist es doch äußerst spannend, darüber nachzudenken. Ich bin mir sicher, Sie teilen meine Ansicht.

Aber wer sagt mir jetzt, ob ich männlich oder weiblich bin – meine Gene, meine Eltern, das Aussehen meiner Genitalien oder meines Körpers? Wie steht es wirklich um die Macht der Gene, um die Macht meines Körpers, um die Macht der Umwelt, um die Macht meiner Eltern über mich? Wie schwierig es ist, die Macht der Gene für diese Fragen einzuschätzen und wirklich wissenschaftlich zu studieren, möchte ich noch an einem anderen Beispiel demonstrieren. Ein Beispiel, das mir persönlich deshalb auch sehr am Herzen liegt, weil meine Arbeitsgruppe in den letzten Jahren selbst Forschung auf diesem Gebiet betrieben hat. Betrachtet man die Frage der Geschlechtszugehörigkeit und die Rolle des Körpers, der Umwelt, der Eltern, so gibt es Fälle, bei denen die Bedeutung dieser Komponenten auf den ersten Blick sehr in den Hintergrund gerückt zu sein scheint. Gemeint ist, dass es Frauen gibt, die unumstritten einen eindeutig weiblichen Körper mit weiblichen Geschlechtsmerkmalen haben, die für ihre Umwelt, ihre Eltern stets ohne Zweifel weiblich waren, die vielleicht verheiratet sind und sogar schon Kinder zur Welt gebracht haben. Aber trotzdem haben diese Frauen ein ganz sicheres, tief im Inneren verankertes Gefühl, eigentlich männlich zu sein. Bis sie es dann oft erst im dritten oder vierten Lebensjahrzehnt nicht mehr aushalten und dieses Gefühl ihrer Umwelt offenbaren. Diese Frauen sind sich psychisch so sicher, dass sie dem männlichen Geschlecht angehören (wollen), dass sie dann auch ihren Körper in diese Richtung verändert haben wollen. Mit Transsexualität ist gemeint, dass jemand, der, so weit das zu beurteilen ist, eine offensichtlich eindeutige weibliche oder männliche Geschlechtsentwicklung hat, dennoch den inneren irreversibeln Drang verspürt, dem anderen Geschlecht angehören zu wollen. Zuerst werden Diagnosen nach psychiatrischen Kriterien gestellt. Bleibt es dann aber dabei, so können diese Menschen (die Frage ist, ob man von Patienten sprechen soll beziehungsweise ob es sich um eine Krankheit im herkömmlichen Sinn handelt) durch Hormonbehandlungen und letztendlich durch Operationen ihr Ziel verfolgen, dem anderen Geschlecht möglichst nahe zu kommen. Will ein Mann eine Frau werden, so führen Hormonbehandlungen dazu, dass Brüste wachsen und die männliche Körperbehaarung abnimmt. Das Entfernen eines Penis und das chirurgische Modellieren einer Vagina sind für die Experten, so wurde es mir erzählt, relativ gut lösbare Probleme. Auch im umgekehrten Fall führen Hormonbehandlungen zu den gewünschten Ergebnissen. Lediglich das Modellieren eines Penis, wo kein Penis war, ist schwieriger, aber nicht unlösbar. Für unsere Diskussion über die Macht von Genen und Umwelt stellt sich aber doch sofort eine ganz andere Frage. Sind Frauen, die unumstößlich Männer sein wollen, genetisch Männer (XY) oder Frauen (XX)? Und umgekehrt: Haben Männer, die sich zu Frauen umoperieren lassen, einen weiblichen oder einen männlichen Chromosomensatz? Das haben wir untersucht, und nicht nur das. Wir haben eine große genetische Studie an vielen Mann-zu-Frau- und an Frau-zu-Mann-Transsexuellen durchgeführt. Wir haben dabei nicht nur den Chromosomensatz – natürlich mit besonderem Augenmerk auf die Geschlechtschromosomen – analysiert, sondern sehr vieles, wenn nicht alles, was man an Genetik betreffend Geschlechtsentwicklung weiß. Also auch jene genetischen Veränderungen, die beispielsweise Intersexualität verursachen. Das Ergebnis unserer Studie war eindeutig. Jede untersuchte Frau, die unbedingt Mann sein (werden) wollte, war aus genetischer Sicht eindeutig Frau. Und auch umgekehrt jeder Mann-zu-Frau-Transsexuelle hatte eindeutig eine männliche Genetik. Was sagen Sie dazu? Also keine Macht den Genen? Ob jemand transsexuell ist oder wird, ist ausschließlich anerworben, anerzogen, selbst erfahren, aber eben nicht genetisch angeboren? Dafür spräche auch eine andere Beobachtung. Wir haben schon an anderer Stelle in diesem Buch gehört, dass familiäre Häufungen von bestimmten Merkmalen, Eigenschaften (wenn auch nicht zwingend beweisend) den Verdacht erheben, dass es für die untersuchte Eigenschaft bestimmte genetische Anlagen gibt. Für die meisten genetischen Merkmale oder Eigenschaften des Menschen hat man auch irgendwann einmal Familien gefunden, bei denen sie gehäuft interfamiliär aufgetreten sind. Das wurde für Transsexualität aber nicht veröffentlicht. Familien, in denen über Generationen versetzt mehrer Fälle von Transsexualität aufgetreten sind, sind nicht beschrieben. Das spricht zusätzlich gegen Genetik. Allerdings. Als mich Medienvertreter aus verschiedenen Ländern nach der Veröffentlichung des ersten Teils dieser Studie immer wieder fragten, ob es denn damit jetzt nicht eindeutig bewiesen wäre, dass Genetik bei der Entstehung von Transsexualität keine Rolle spielt, erzählte ich immer wieder dieselbe kleine Geschichte, um zu verdeutlichen, wie wenig wir heute erst über die Rolle von Genen wissen (können): Ein Mann sucht in der Nacht direkt unter einer Laterne etwas am Boden. Eine vorbeikommende Passantin fragt ihn, was er denn da tue. Der Mann antwortet, er suche seinen Schlüssel. „Haben Sie ein Glück, dass Sie Ihren Schlüssel direkt hier unter der Laterne verloren haben!", sagt die Frau. „Ich habe ihn nicht unter der Laterne verloren, sondern da drüben irgendwo im Dunkeln. Ich suche aber unter dem Licht der Laterne, weil im Dunkeln dort drüben kann ich ihn sowieso nicht finden." Das war nur eine Episode, um zu erläutern, wie wenig man doch heute über die Stellen im Erbgut der Menschen weiß, bei denen es sich lohnen könnte nachzusehen! Das war kein Beitrag zu unserer oben geführten Diskussion „typisch männlich" versus „typisch weiblich". Ich bin übrigens genauso wenig von der ständig herrschenden sozialen und intellektuellen Dominanz der Frau über den Mann, die uns unter anderem auch immer wieder durch Pisa-Studien weisgemacht werden soll, überzeugt, wie ich überzeugt bin, dass „dämlich" von „Dame" oder „herrlich" von „Herr" kommt. Das nur am Rande.

Begonnen habe ich dieses Kapitel, indem ich mich im Kreis gedreht habe. Ich habe gesagt, dass es zwischen all den Fragen wie etwa „Was macht einen Mann zum Mann – Gene oder Umwelt?", „Was ist überhaupt weiblich beziehungsweise was ist ein typisch weibliches Verhalten?" unauflösbare Verkettungen gibt. Sollten Sie daran gezweifelt oder sich darüber gewundert haben, egal, ich lege sogar noch ein Schäuferl nach. Beantworten Sie mir doch einmal die folgenden Fragen. Ein transsexueller Mann, der schon mit einer Frau Kinder gezeugt hat und sich dann zu einer Frau umoperieren ließ, war zuerst offensichtlich heterosexuell. Liebt er nach seiner Umoperation immer noch Frauen und wird dann, obwohl er noch immer dasselbe Geschlecht als Partner sucht, von einem männlichen Heterosexuellen zu einer Lesbe? Oder müsste er automatisch nach seiner Umoperation zu einer Frau auch Männer lieben und wird dadurch von einem heterosexuellen Mann zu einer heterosexuellen Frau? Wie steht es um eine Frau-zu-Mann-Transsexuelle, die in ihrem ersten Leben bereits ein Kind von einem männlichen Partner zur Welt gebracht hat? Es sei an dieser Stelle erwähnt, dass eine Umoperation zwar zum plastischen Aufbau eines Penis führen, dieser Penis aber keine Kinder zeugen kann. Sonst … könnte hier ein und dieselbe Person zuerst Mutter und später Vater werden. Wann, ab wann, wie lange ist also eine transsexuelle Person heterosexuell beziehungsweise homosexuell? Moment … Aber welche Rolle spielen die Gene eigentlich für die Frage: schwul, lesbisch oder hetero? Nein, nicht schon wieder im Kreis …

Mag ich weiblich oder männlich?

Das war vielleicht eine internationale Sensation. Nein, viel mehr noch war es ein internationaler Aufschrei. Die Motivationen zu schreien waren aber so vielfältig wie verschieden. Und ihr Auslöser trägt den Namen Dean Hamer. Er war Direktor des Geninstituts am National Cancer Institute (USA), als seine Arbeitsgruppe 1993 eine wissenschaftliche Untersuchung publizierte, die weltweit als die Entdeckung des Homosexualitätsgens am X-Chromosom in der so genannten Region q28 gefeiert wurde. Ich war zu diesem Zeitpunkt 25 Jahre alt, blutjung also, aber bereits ohne Anzeichen jugendlichen Leichtsinns, würde meine Frau sagen. Schließlich habe ich ihr in diesem Alter den Heiratsantrag gemacht. Ich hatte bereits mein Genetikstudium absolviert und arbeitete gerade postgraduell an der Yale University an der Ostküste der USA, als in allen amerikanischen Schwulen- und Lesbenbuchhandlungen T-Shirts verkauft wurden mit der ironischen Aufschrift „Xq28 – Danke für die Gene, Mama". Was war geschehen? Die Geschichte des Schwulengens ist exemplarisch für viele ähnlich kolportierte Entdeckungen, wie beispielsweise das Intelligenzgen, oder das Verbrechergen, oder in jüngster Zeit das Religiositätsgen. Wir kommen auf diese Entwicklungen noch zu sprechen. Da das Homosexualitätsgen das erste dieser Art war, möchte ich die Geschichte genau erzählen, um wirklich klar zu machen, wie so etwas international läuft oder zumindest laufen kann.

Natürlich hat auch dieses Thema ursprünglich einmal eine große Anzahl an Zwillingsforschern fasziniert. Ist ja auch irgendwie spannend, oder? Eine wissenschaftliche Studie wurde veröffentlicht, die über 50 zweieiige Zwillingsbrüderpaare untersuchte. In all diesen Fällen war einer der beiden schwul, und in ungefähr 20 Prozent der Fälle war auch sein zweieiiger Bruder (der halb genetisch mit ihm identisch ist) homosexuell! Es kommt noch besser. Es wurden auch eineiige Zwillingsbrüderpaare auf diese Frage hin untersucht. Das Resultat: Wieder ungefähr 50 homosexuelle Männer, wovon aber jetzt über 50 Prozent einen eineiigen (also genetisch identischen) Bruder hatten, der auch schwul war! Wirklich eine sensationelle Entdeckung. Aber was bedeutet

108

sie genau? Einerseits spricht die Tatsache, dass genetisch identische Menschen eine so stark erhöhte Wahrscheinlichkeit dafür haben, dass, wenn einer der beiden schwul ist, es der andere auch ist, Bände. Kein Zweifel: Gene spielen hier eine Rolle! Es wird dem Menschen also bis zu einem gewissen Grad in die Wiege gelegt, ob er schwul ist oder nicht! Es ist keine persönliche Flause, es ist nicht etwa nur eine Idee dieser Männer, am Morgen aufzustehen und zu sagen – ab heute bin ich schwul. Nur am Rande, es wäre doch auch vollkommen egal, wenn es so wäre. Vielleicht aber nicht für jeden? Wie auch immer, es ist offensichtlich von der Natur so gewollt. Die Natur hat mit einer genetischen Anlage vorgesehen, dass es diese Lebensart auch gibt. Na sieh mal einer an. Andererseits ist aus den oben zitierten Zwillingsstudien aber doch auch vollkommen klar, dass es die Gene alleine nicht sind. Wäre es hundertprozentig genetisch, so müsste jeder eineiige Zwilling eines homosexuellen Mannes auch schwul sein, schließlich sind die beiden, was ihre Gene anlangt, auch hundertprozentig identisch. Gibt es so etwas überhaupt – hundertprozentig genetisch? Ja, das gibt es (zumindest fast). Die Erkrankung Chorea Huntington oder die Erkrankung Cystische Fibrose: In beiden Fällen gilt, falls einer die Genvariante trägt, die die Krankheit verursacht, bekommt sein eineiiger Bruder, der diese Genvariante dann natürlich auch hat, mit Sicherheit ebenfalls diese Erkrankung. Für Homosexualität gilt beides nicht – weder handelt es sich um eine Erkrankung, noch ist diese sexuelle Orientierung hundertprozentig genetisch bestimmt (wenn Gene dafür doch auch eindeutig eine bedeutende Rolle spielen). Nun, das wäre ein Stand der Wissenschaft, der für viele zufrieden stellend wäre. Allzumal auch deshalb, weil das Zusammenspiel von Genetik und Umwelt doch für so vieles, für das meiste, was uns zu dem macht, was wir sind, ausschlaggebend ist. Irgendwie aber nicht für Dean Hamer. Über 50 Prozent Anteil der Gene – das ist sehr hoch. Zugegeben, für viele Merkmale, Eigenschaften des Menschen wird der Anteil der Gene heute viel geringer eingestuft. Für andere aber auch wieder höher. Professor Hamer beschloss, sich auf die Suche nach den verantwortlichen Genen zu begeben. Eine Unzahl genetischer Analysen an heterosexuellen und an homosexuellen Männern führte schließlich zur Entdeckung einer Genvariante am X-Chromosom, die statistisch häufiger bei homosexuellen Männern vorkommt als bei heterosexuellen. Das Schwulengen war geboren! Aber war es das wirklich? Dean Hamer selbst hat das nie behauptet. Aber die Medienmaschinerie war ins Rollen gekommen. Gleichsam wie eine riesige Welle schwappte diese Sensation über die ganze Welt und hinterließ bei vielen etwas Feuchtigkeit in Form von Schweiß auf der Stirn. Irgendein funktioneller Zusammenhang zwischen der Variante der veröffentlichten Genregion und der Entstehung von Homosexualität konnte in keinerlei Weise hergestellt werden. Denken wir nur zurück an das ACTN3-Gen bei Sprintern, das schließlich tatsächlich etwas mit Muskelentwicklung zu tun hat! Und dabei blieb es mehr oder weniger bis heute. Es handelt sich vielleicht mehr um das, was ich immer ganz gerne als Assoziationsgenetik bezeichne. Auch wenn sich das endgültig allerdings erst herausstellen muss. Man könnte zum Beispiel bei einem Konzert von Rainhard Fendrich und bei einem von Georg Danzer (für ganz junge Leser dieses Buches: das sind zwei österreichische Popstars) Befragungen durchführen, um herauszufinden, wie hoch der Anteil von Allergikern im Publikum ist. Ergibt sich bei dieser „subwissenschaftlichen" Studie ein wissenschaftlich errechenbarer und belegbarer Unterschied, so könnte man daraus Schlüsse ziehen, so man das wollte, wer von den beiden Barden eher Allergien auslöst. Natürlich nicht logisch! Logisch –keiner von beiden löst Allergien aus! Der Teufel steckt in der statistischen Signifikanz – aber das wissen Sie. Das gilt auch dann, wenn man zwar eine Genvariante statistisch signifikant mit Homosexualität in Verbindung bringt, aber viel mehr darüber nicht weiß. Das Interesse für genetische Anlagen für Homosexualität ist auch irgendwie wieder aus den Medien und aus den Köpfen von Genetikern verschwunden.

Zwei interessante Teilaspekte möchte ich noch loswerden, bevor wir wirklich zu etwas ganz anderem kommen. Einerseits waren ähnliche Untersuchungen von eventuellen genetischen Anlagen bei lesbischen Frauen nie von irgendwelchen Erfolgen gekrönt. Ob das irgendeine Bedeutung hat, sei dahingestellt. Andererseits muss man sich schon auch darüber Gedanken machen, wie sich ein eventuelles Schwulengen in der Evolution verhalten hat oder noch würde. Ist nicht die Wahrscheinlichkeit, dass homosexuelle Männer Kinder haben, viel geringer als bei heterosexuellen? Würde das nicht bedeuten, dass das Homosexualitätsgen langsam, aber doch ausgestorben sein müsste? Fünf bis zehn Prozent der Männer sind schwul. Befürworter genetischer Anlagen für Homosexualität argumentieren, dass in der Vergangenheit die meisten dieser Männer aus Scham in heterosexuellen Partnerschaften lebten und sich aus „gesellschaftlichen" Gründen sogar fortpflanzten. Gleichzeitig wird aber dann angenommen, dass durch das heute gesellschaftlich (hoffentlich) voll akzeptierte Outing homosexueller Menschen der Druck, sich biologisch fortzupflanzen, wegfällt. Das führt zu der manchmal kolportierten, zugegeben äußerst provokativen Überlegung, dass die immer liberalere Einstellung unserer Gesellschaft und die dadurch vielleicht veränderten Lebensgewohnheiten der Menschen auf ganz lange Sicht zum Aussterben von Homosexualität führen könnten. Das wäre ohne Zweifel nicht zu begrüßen, denn, so sehe ich das, Individualität und Vielfältigkeit sind die Voraussetzungen, die einer Gesellschaft auf lange Sicht gesehen das Überleben in der Evolution ermöglichen werden. In diesem Zusammenhang könnte sich also sogar ein Genetiker einmal wünschen, dass manchmal die Macht der Umwelt größer als die Macht der Gene ist.

Mozart versus Salieri:
Ein Sieg der Gene?

Die Genetik Mozarts

Über Mozarts Kindheit weiß man einiges, viel mehr aber noch wurde und wird spekuliert. Wie ist das alles gekommen bei diesem kleinen Genie? Seine um fünf Jahre ältere Schwester, „das Nannerl", wollte nach Mozarts Tod Erkundigungen über ihren kleinen Bruder einholen. Wie war er eigentlich wirklich, als er ganz klein war? – und anderes mehr. Als kompetente Auskunftsperson bot sich ihr der Hoftrompeter Johann Andreas Schachtner, der als enger Freund der Familie Mozart den noch ganz kleinen Amadeus gut gekannt hatte. Am 24. April 1792 erzählte Schachtner dem Nannerl in einem Brief eine kurze Geschichte über ihren kleinen Bruder, wahrscheinlich deshalb, um ihr vor allem die so unglaublich früh bereits sichtbare Begabung, das so bemerkenswert früh erkennbare Talent ihres kleinen Bruders näher zu bringen: Als Mozarts Vater und Herr Schachtner nach einem Donnerstagsamt in die Wohnung der Familie Mozart kamen, trafen die beiden Herren den damals vierjährigen Wolfgang gerade dabei an, dass er mit der Tintenfeder auf einem Blatt Papier emsig schrieb. Gefragt was er da mache, antwortete der Vierjährige, er komponiere ein Konzert fürs Klavier. In seiner Überraschung nahm der Vater seinem Sohn das Blatt weg und inspizierte es genau. Mozarts Vater und Schachtner trauten ihren Augen kaum, als sie die fein säuberlich, richtig und regelmäßig gesetzten Noten sahen. Und doch schmunzelten beide über das Kind, denn das Werk war so schwierig gesetzt, dass es wahrscheinlich kaum am Klavier zu spielen wäre. Der kleine Mozart antwortete darauf:

„Drum ist's ein Konzert, man muss so lange exerzieren, bis man es treffen kann, sehen Sie, so muss es gehen." Und der vierjährige Wolferl begann, sein Konzert am Klavier zu spielen, holprig ja, aber er spielte es. Jetzt schmunzelten die beiden Herren nicht mehr, sondern beide begannen, tief berührt von einem so unglaublichen Talent, zu weinen.

Mozarts Vater Leopold war Musiker und ein akribischer, besessener Lehrer. Als Wolfgang Amadeus Mozart am 27. Jänner 1756 in Salzburg zur Welt kam, war er bereits das siebente Kind der Familie. Von den vorher geborenen Geschwistern war nur die um fünf Jahre ältere Anna Maria (eben das Nannerl) am Leben geblieben. Der Vater legte seine ganze Kraft in die Ausbildung dieser Kinder, mit ganz besonderem Augenmerk auf den einzigen Sohn. Und schon sind wir bei unserem Thema angelangt. Hätte Vater Mozart auch mir die Voraussetzungen für die „Zauberflöte" antrainieren, beibringen können? Ein uns alle verbindendes NEIN! Gut, gut das nehme ich hin. Aber warum sind wir uns da eigentlich alle so sicher (speziell Sie, liebe LeserInnen, wo sie mich noch nie Klavier, Gitarre oder Schlagzeug haben spielen hören)? Wir reden von Talent, von Begabung, von Genie – darum! Oder anders gesprochen: Der eine hat es, und der andere hat es eben nicht. Aber was hat der eine, was der andere nicht hat? Jetzt habe ich Sie erwischt. Musikalität, absolutes Gehör, musikalisches Genie sind nämlich jene Merkmale beziehungsweise Eigenschaften des Menschen, bei denen wir die Rolle der Gene, ohne es jemals wirklich auszusprechen, ohne es jemals explizit zu diskutieren, bedingungslos als enorm groß einschätzen. Wer vom Kleinstkindalter an Laufen trainiert, wird ein Spitzenläufer – zumindest äußerst wahrscheinlich. Natürlich haben wir bereits darüber gesprochen, dass auch hier Gene, sogar schon bekannte und ganz bestimmte Gene, eine Rolle spielen – es geht hier um Muskelmasse, Lungenvolumen und Ähnliches – also eher um motorische körperliche Dinge. Nun gut, dann haben wir weiters festgestellt, dass alle Spitzensportler heute eigentlich wahrscheinlich gleich hart trainieren. Wie entstehen dann aber Sieger und Verlierer? Tagesverfassung, Glück usw. könnten wir anführen. Umso weniger aber eine Sportart rein körperlich, rein motorisch ist, umso eher lassen wir es dann zu, dass man von einem spezifischen Talent spricht, das den Unterschied macht. Oder haben Sie schon einmal von einem Talent für das Gewichtheben gehört? Ja, aber natürlich haben Sie schon einmal von dem Ausnahmetalent gehört, das Ronaldinho zum Weltfußballer macht. Nahezu mystisch, auf jeden Fall von größter Hochachtung, oft leise und pathetisch, immer aber mit einem kalten Schauer über den Rücken und gleichzeitig voll Entzücken, hört man uns alle dann sagen: So etwas kann man nicht trainieren, das hat man, oder man hat es eben nicht ... Auch ich habe schon sehr früh begonnen, mit professionellem Unterricht mein Klavierspiel zu perfektionieren. Auf jeden Fall habe ich brav geübt! Die „Zauberflöte" aber – das hat man eben, oder das hat man eben nicht. Durch braves Üben läuft da leider gar nichts.

Bei Wolfgang Amadeus Mozart kommt noch etwas dazu, was die Theorie zusätzlich stark unterstützt, dass das Musik-Genie bei ihm in seinen Genen verankert ist und nicht durch Umwelt antrainiert wurde. Vieles hat ihm seine Umwelt in Form seines so ehrgeizigen und genauen Vaters beigebracht – kein Zweifel. Aber wenn wir an die oben zitierte Geschichte über den vierjährigen Mozart denken, fällt doch eindeutig auf, dass sich Mozarts Musik-Genie schon so früh in seinem Leben äußerte, dass die Umwelt doch mit Sicherheit keineswegs ausreichend Zeit hatte, ihm das auch nur annähernd beizubringen. Also zwei wesentliche Aspekte, die mehr oder weniger beweisen, dass Mozarts Genie zumindest zu einem sehr großen Anteil nicht anerworben, sondern angeboren war:

1. Es handelt sich grundsätzlich um eine Eigenschaft, ein Merkmal, bei dem rein Motorisches, wenn überhaupt, eine äußerst untergeordnete Rolle spielt. Natürlich braucht man zum Klavierspielen optimalerweise zehn

Finger, aber, wie gesagt, man kann üben so viel man will, deswegen fällt einem die „Zauberflöte" sicher nicht ein.

2. Diese Eigenschaften haben sich bei Mozart bereits gezeigt und waren schon voll ausgeprägt in einem Alter, bei dem wir uns einig sind, dass, selbst wenn man 18 Stunden am Tag nichts anderes gemacht hätte als zu musizieren, man durch Umwelteinflüsse niemals zum Ziel kommen kann (erinnern wir uns, Wolferl war bei der oben erzählten Geschichte gerade einmal vier Jahre alt!).

Mozarts Gegenspieler Antonio Salieri (1750–1825) brachte in Bezug auf Mozarts Ausnahmebegabung neben den von uns in diesem Buch bisher für alles diskutierten Komponenten „Die Macht der Umwelt" und/oder „Die Macht der Gene" noch eine zusätzliche Komponente in Spiel – „ die Macht Gottes". „Mozarts Talent", so beschrieb es Salieri stets, „kommt direkt von Gott. Wenn ich Mozarts Musik höre, höre ich, wie mich Gott auslacht." Eines steht damit auch fest. Selbst Salieri glaubte nicht an die Umwelt-Argumentation. Denn auch er wusste, er könne Tag und Nacht Klavier spielen, rund um die Uhr Musik hören und ohne Pause komponieren – und trotzdem: die „Zauberflöte" stammt halt nun einmal von Mozart und nicht von Salieri. Auch Salieri war ein hervorragender Musiker und Komponist – aber eben nicht Mozart. Aus heutiger Sicht die Rolle Gottes bei Mozarts Genie zu diskutieren, ist gleichsam spannend wie schwierig. Dass Salieri nicht wusste, dass Wolferls Genie auch irgendwie in seinen Genen geschrieben stand, kann man ihm nicht übel nehmen. Schließlich war Gregor Mendel (der Entdecker der Vererbungslehre) noch nicht geboren und James Dewey Watson (der Entdecker der DNA-Helix, der Struktur der Gene) noch nicht einmal der Wunsch seiner Eltern. Vielleicht könnte man daraus auch schließen, das Salieri Gott für diese (aus seiner Sicht) Ungerechtigkeit nur deshalb die Schuld gegeben hat, weil er den Genen, in Ermangelung des Wissens, dass es so etwas überhaupt gibt, nicht böse sein konnte. Uns aber könnte man es übel nehmen, wenn wir heute nicht über Mozarts genetisches Rüstzeug nachdenken würden. Gibt es also ein Musikalitätsgen? Ich habe schon wiederholt gesagt, wenn es eines gäbe und Mozart hätte es nicht gehabt, dann würde es das Gen doch nicht geben, denn Mozart hat es gegeben – ganz einfach, nicht wahr? Aber wo könnte man nachschauen? Etwa in den sterblichen Überresten dieses Genies – in Mozarts Schädel beispielsweise?

Am 5. Dezember 1791, gegen 1 Uhr morgens, hörte Mozarts Herz zu schlagen auf. Seine sterblichen Überreste wurden auf dem Friedhof von St. Marx in Wien begraben. Jede Menge Mozart-Reliquien, wie zum Beispiel Haarlocken, die vom Kopf des Genies stammen sollen, existieren heute noch. Nein – sogar Mozarts Schädel, oder zumindest ein Schädel, von dem viele Menschen glauben, dass er einst das Gehirn beherbergte, dessen Nervenverschaltungen die „Zauberflöte" hervorbrachten. Die Geschichten, wie diese Reliquien über die Jahrhunderte durch die Weltgeschichte und die Hände verschiedenster Menschen wanderten, sind so verschieden wie spannend und doch nicht selten unglaubwürdig. Noch bis Anfang der neunziger Jahre des vergangenen Jahrhunderts konnte kein stichhaltiges Argument angeführt werden, warum dieser Schädel nicht wirklich von Mozart stammen sollte. Im Jubiläumsjahr 2006 wollte man es dann in Österreich genauer wissen. Man hat mittels genetischer Analysen die Daten dieses Schädels und aus zwei verschiedenen der kolportierten Haarlocken mit solchen aus den sterblichen Überresten, den vermeintlichen Gebeinen von Mozarts Großmutter Euphrosina und seiner Nichte Jeanette aus dem mutmaßlichen Familiengrab am Friedhof von St. Sebastian in Salzburg miteinander verglichen. Die genetischen Analysen zielten darauf ab festzustellen, ob all diese Proben, diese Reliquien, die Gebeine miteinander verwandt sind. Wäre das der Fall, so wäre das in der Tat ein sehr starker Hinweis – wenn nicht Beweis – auf die Echtheit des Schädels etwa. Denn eine rein zufällige Verwandtschaft zwischen einem Schädel in Wien und den Gebeinen aus einem Grab in Salzburg könnte man ausschließen. Wir haben in diesem Buch ja bereits öfter gehört, dass verwandte Menschen, abhängig von ihrem Verwandtschaftsgrad, hohe bis sehr hohe genetische Überlappungen aufweisen. Mehrmals erwähnt habe ich beispielsweise, dass Geschwister halb genetisch gleich sind. Jeder Mensch hat all die 30.000–40.000 Gene, von denen wir schon so oft gesprochen haben. Jeder Mensch verfügt aber über ein ganz individuelles Set an Varianten in seinem Erbgut – er besitzt unzählige solcher genetischer Varianten. Jeder Mensch hat gleichsam seinem Fingerabdruck auch einen genetischen Fingerabdruck. Es versteht sich von selbst, dass verwandte Menschen eine wesentlich höhere Wahrscheinlichkeit aufweisen, zumindest Teile dieser Varianten gemeinsam zu haben. Das kann man mittels genetischer Analysen untersuchen. Untersuchungen auf den genetischen Fingerabdruck beziehungsweise auf Überlappungen dieses Fingerabdrucks finden heute Anwendungen bei vielen verschiedenen Fragestellungen. Wir kommen darauf noch zurück in dem Kapitel „Das Erbe des Paten". Dort reden wir dann darüber, dass solche Untersuchungen in der Kriminologie herangezogen werden, um Spuren (Haare, Sperma), die am Tatort gefunden wurden, mit einem unter Verdacht stehenden Täter genetisch übereinstimmen – also von ihm stammen. Diese Art von Untersuchungen (sehr aufwändige und viele davon) waren es auch, die schließlich ergaben, dass alle Menschen der Erde von einer einzigen Frau abstammen, die vor etwa 150.000 Jahren in Afrika lebte. Sie denken, ich komme jetzt vollkommen vom Thema ab. Vielleicht nicht ganz, denn schließlich erinnert uns das zuletzt Gesagte wieder einmal daran, dass wir alle irgendwie genetisch miteinander verwandt sind. Wenn auch genetische Überlappungen so wahrscheinlich heute gar nicht mehr nachweisbar beziehungsweise beweisbar sind – aber auch ich bin ganz grundsätzlich, wenn auch wirklich nur äußerst geringfügig, selbst mit Mozart verwandt. Ja selbstverständlich, Sie auch. Wenn man schon so leicht unsinnige Überlegungen anstellt, dann muss man auch zugeben, dass das genauso für eine „Restverwandtschaft" mit Salieri gilt. Ich weiß, das ist spekulatives Geplänkel. Diese oben beschriebenen genetischen Untersuchungen können aber sehr gut, klar und eindeutig, große Überlappungen zwischen Großeltern und Enkel oder Onkel und Nichten nachweisen. Das war die Idee bei der Studie an Mozarts Locken, Schädel und seinen putativen Verwandten. Das Ergebnis war allerdings doch unerwartet. Kein einziges all dieser untersuchten Probenmaterialien wies irgendeine Verwandtschaft mit irgendeinem anderen auf. Weder sind die Gebeine der Großmutter mit den Gebeinen der vermeintlichen Nichte verwandt – ein Familiengrab nicht verwandter Familienmitglieder also?! –, noch ist der putative Mozartschädel mit irgendeinem dieser Gebeine oder mit irgendeiner vermeintlichen Mozartlocke verwandt. Es sind nicht einmal die beiden untersuchten Mozartlocken miteinander verwandt, sie stammen deswegen nicht einmal von derselben Person. Hier wurde offensichtlich in den letzten Jahrhunderten bis heute vieles falsch behauptet, recherchiert und überliefert. Natürlich, ganz grundsätzlich besteht auch nach diesen Untersuchungen noch die theoretische Möglichkeit, dass die Locken, die Großmutter, die Nichte, alle falsch sind und der Schädel doch von Mozart stammt. Lediglich der Glaube fehlt vielleicht so manchen …

GENiale Gene

Aber jetzt einmal ganz anders gefragt: Warum ist das eigentlich von Interesse? Was könnte man denn aus dem Schädel von Mozart alles lernen? Nun, man hat ihn ja bereits vermessen und gewogen. Man ist aber auch in der Lage, aus Knochen Proben zu gewinnen, anhand derer man Untersuchungen etwa der Ernährung des Schädelbesitzers durchführen kann. Auch das hat man bereits gemacht. Der besagte Schädel hat sich ernährt, wie sich alle

Schädel in dieser Zeit halt so ernährt haben. Aber gerade eben haben wir ja auch nach einem Gen für das Musikgenie gefragt. Könnte man das mit diesem Schädel etwas näher beleuchten? Die Antwort muss eigentlich sein: nicht wirklich. Mit einem ALTEN Schädel nicht. Mit EINEM alten Schädel nicht. Zuerst muss gesagt werden, dass das genetische Material, das man in einem alten Schädel noch finden kann, zwar noch für Verwandtschaftsstudien taugt, aber leider meist für eine genauere Untersuchung anderer interessanter Geninformationen nicht mehr zu verwenden ist. Man kann es versuchen – ja. Aber die Chancen stehen heute nicht sehr gut. Hätte ich als Genetiker allerdings den Schädel Mozarts in der Hand, so würde ich ihn trotzdem gut aufbewahren. Die Technologien der Genforschung werden nahezu täglich besser. Vielleicht ist in Jahren etwas möglich, was heute noch unvorstellbar ist. Zum anderen sind für die Entdeckung von Genen für bestimmte Eigenschaften/Merkmale aber auch zum Beispiel für Erkrankungen des Menschen immer mehrere Proben von entsprechenden Menschen notwendig. Dean Hamer hat seine Untersuchungen betreffend das Schwulengen auch an vielen Menschen (homosexuellen und heterosexuellen) durchführen müssen, um fündig zu werden. Umgekehrt wäre der Schädel Mozarts aber aus genetischer Sicht vielleicht doch wieder äußerst spannend. Angenommen, jemand entdeckt Genvarianten, die mit Musikalität im Zusammenhang stehen könnten. Was gäbe es für einen besseren Test, als zu überprüfen, ob Mozart Träger solcher so kolportierten Varianten war? Ich habe bereits gesagt: Würde jemand davon ausgehen, er habe Genvarianten für das Musikgenie entdeckt und man würde sie beim Schädel Mozarts nicht nachweisen können, so gäbe es für mich nur die folgenden Schlüsse. Entweder ist der Schädel nicht von Mozart (sehr gut möglich) oder die Genvarianten haben nichts mit Musikalität zu tun (auch immer wieder sehr gut möglich). Ausschließen würde ich die Interpretationsvariante, dass Mozart nicht Träger von solchen Varianten war (eben nicht gut möglich – was meinen Sie?).

Gibt es schon wissenschaftliche Hinweise auf Musikalitätsgene? Was weiß man über ein eventuelles Kompositionsgen? Oder vielleicht gibt es zumindest schon genetische Untersuchungen zum absoluten Gehör? Wir wollen doch gedanklich nur Salieri und dem lieben Gott helfen. Salieri dabei, zu verstehen, was ihm sein Leben lang verschlossen blieb. Und dem lieben Gott dabei, nicht weiter in Ermangelung entsprechender genetischer Daten verdächtigt zu werden, für diese Ungerechtigkeit verantwortlich zu sein. Also wirklich – was kann denn der liebe Gott dafür, dass ich übe und übe und einfach kein Mozart werde? Auf den ersten Blick muss ich Sie enttäuschen. Gene und die Musik, da weiß man heute noch äußerst wenig. Kreativität hingegen, da gibt es bereits beschriebene Genvarianten. Schon vor einigen Jahren haben Genetiker (unter der Leitung eines Kollegen mit dem bezeichnenden Namen Cloninger) eine große Anzahl an Menschen untersucht, die sie vorher einer von zwei Gruppen zugeteilt haben – den Kreativen und den Nichtkreativen. Ich gehe ganz grundsätzlich davon aus, dass die meisten dieser Studien einen systematischen Fehler haben. Es werden nämlich oft Naturwissenschafter den Nichtkreativen zugeordnet! Also einmal ganz ehrlich, die haben mich ja noch nie gehört, wenn ich auf der Tastatur gerade die Partitur verlasse, um zu improvisieren – das soll nicht kreativ sein? Auf jeden Fall haben die Autoren solcher Studien schon verschiedene Genvarianten gefunden, die bei kreativen Musikern, Malern, Bildhauern statistisch signifikant häufiger auftreten als eben innerhalb weniger kreativer Berufsgruppen.

Zur Genetik und dem Genie gibt es aber bereits jede Menge Untersuchungen, zum Beispiel an so genannten Wunderkindern (und jetzt wäre der Schädel von Wolferl schon wieder interessant). Ende der achtziger Jahre des vorigen Jahrhunderts hat der bekannte Genetiker Robert Plomin eine Art Intelligenzgen veröffentlicht. Er hat dafür eine Gruppe von höchst intelligenten Jugendlichen, alle mit einem Intelligenzquotient um die 160, untersucht. Er ist dabei auf Varianten eines Gens auf dem Chromosom

6 mit dem Namen IGF2R gestoßen. Bei fast allen Wunderkindern sah die Sequenz von IGF2R anders aus als bei einer Kontrollgruppe weniger intelligenter Kinder. Solche Studien bilden aber neben unzähligen Zwillingsstudien und Familienuntersuchungen nur einen Baustein des Gerüstes, auf das sich die heute weit verbreitete Annahme stützt, dass der Intelligenzquotient zu drei Viertel erblich bedingt ist. Zu drei Viertel – das ist doch unglaublich! Erlaubt das den Schluss, dass all das viele Lernen ein Leben lang doch eigentlich nur bedingt von Nutzen ist, da ja ohnedies bereits alles in den Genen steht? Nun, noch weniger könnte man Genetik nicht verstehen. An dieser Stelle zitiere ich immer gerne eine amerikanische Lehrerin von mir, welche die Bedeutung der Wechselwirkung von Genetik und Umwelt für die Entwicklung all dessen, was heute gerne in den Topf „Intelligenz" geworfen wird, stets so treffend auf den Punkt brachte, wenn sie sagte: „Die Gene spielen ohne Zweifel eine wichtige Rolle dafür. Wir wissen aber auch, dass wir den größten Anteil so genannter genetischer Intelligenz nicht kennen oder gar mittels eines Intelligenztests nachweisen können, weil die Träger dieser genetischen Intelligenz gar nicht lesen und schreiben können."

Gedanken über Musikalitäts- oder Intelligenzgene genauso wie wissenschaftliche Untersuchungen derselben sind faszinierend und spannend. Für mich wird das allerdings immer wieder getrübt durch mein Horrorszenario, dass eines Tages die Aufnahmevoraussetzungen in das Mozarteum oder ins Gymnasium neben nachzuweisenden einschlägigen Kenntnissen auch einen Gentest inkludieren könnten …

Die Rolle des Vaters

Wie schon einmal erwähnt, messe ich persönlich der sozialen Vaterschaft eine wesentlich größere Bedeutung bei als der biologischen. Ich habe von den Fällen von Patchwork-Familien oder

Adoptionen gesprochen. Muss ich das nach dem gerade oben Besprochenen noch einmal überdenken? Ich glaube nicht. Wenn auch das Beispiel des Vaters von Wolfgang Amadeus Mozart doch eines klar macht: Er hat dem Wolferl durch Erziehung und Unterricht alles mitgegeben, was der an Werkzeug zur Umsetzung seines Genies benötigte. Aber das haben die Lehrer Salieris auch für Salieri getan. Was die Komposition der „Zauberflöte" anlangt, was das Quäntchen genialer zu sein, was das geniale Talent betrifft, hatte Mozarts Vater aber vielleicht einfach nur die Rolle des Genübertägers. Und diese Rolle kam Mozarts Mutter genauso zu. Dass Adoptivkinder ihren Eltern nicht ähnlich schauen, ist klar, logisch und akzeptiert. Die Gene spielen eben für das äußere Erscheinungsbild eines Menschen auch eine große Rolle. Einen wesentlichen Anteil an ihren Eigenschaften, Kenntnissen und Fähigkeiten haben Adoptivkinder von ihren Adoptiveltern und Lehrern beigebracht bekommen. Und selbst an Musikalität, Intelligenz und Ballgefühl kann man vieles von seiner Umwelt erlernen, trainieren, üben und perfektionieren. Nichts davon ist hundertprozentig genetisch. Aber das Talent, das „man hat es, oder man hat es eben nicht", das (davon gehen wir doch eigentlich alle aus und das sollte anhand Mozarts hier erläutert werden) bekommt man bereits in die Wiege gelegt oder auch nicht. Dafür ist die Bedeutung biologischer Vaterschaft doch größer als die Bedeutung sozialer Vaterschaft. Das Gleiche gilt für biologische und soziale Mutterschaft. Der soziale Vater muss nämlich beobachten und entdecken, herauskitzeln, motivieren, fördern und dabei bedingungslos lieben, was der biologische Vater eventuell manchmal vollkommen achtlos und beiläufig versprüht hat. Die Überlappung wiederum von biologischer und sozialer Vaterschaft könnte den Vorteil haben, dass ein biologischer Vater vielleicht auf Grund von Eigenbeobachtungen eher ein Talent bei seinen Kindern entdeckt, das er dann aber genauso erst gießen muss. Viele Eltern, ob soziale oder biologische oder beides, wollen aber leider nichts bei ihren Kindern entdecken und gießen. Und damit haben wir alle Facetten an Möglichkeiten zumindest einmal erwähnt.

Es ist äußerst schwierig herauszufinden, ob seine Nachkommen Anlagen für Begabungen oder Merkmale haben, für deren Entwicklung und optimale Umsetzung schließlich die Genetik oder die Umwelt/Erziehung eine größere Rolle spielen. Dementsprechend ist der Gedanke, dass ungefähr 10 Prozent aller Kinder nicht von dem Vater sind, von dem sie glauben zu sein, genauso lockerer zu sehen wie etwa auch die folgende Episode: Bei einer vorgeburtlichen genetischen Untersuchung während der Schwangerschaft hat sich der Verdacht bestätigt, dass das sich entwickelnde Kind Träger einer Genvariante ist, die bekanntlich mit einer bestimmten Erkrankung im Zusammenhang steht. Die Erkrankung kann sich verschieden äußern, etwas schwerer oder auch viel leichter. Da man die Genvariante oft von seinen Eltern erbt, macht es daher Sinn, die Eltern auch genetisch zu untersuchen. Sieht man dabei zum Beispiel, dass ein Elternteil dieselbe Variante des Gens trägt, aber eigentlich kaum von dieser Krankheit betroffen ist, so kann man davon ausgehen, dass das Kind nach der Geburt auch kaum betroffen sein wird. Ich lade also diese Eltern zu uns an das Institut, um ihnen dies alles zu erläutern. Als ich gerade so am Erklären bin, weist die Mutter den Vater an, doch jetzt noch einmal zum Auto zu gehen, da sie den Parkschein vergessen habe. „Aber Schatzi, ich habe es doch gesehen, du hast einen Parkschein ausgefüllt." Doch nach wiederholtem Bitten und Drängen verlässt der Gatte schließlich gutmütig trottelnd den Raum Richtung Auto. Kaum war er aus dem Raum, beginnt mir die Mutter zu erklären, dass ihr das doch so unangenehm sei, aber der Parkschein-Mann, ihr Gatte seit einigen Jahren, ist nun einmal leider nicht der einzige mögliche Vaterschaftskandidat. Was das dann eigentlich für die Genetik bedeutet und wie man das denn jetzt vollkommen diskret, versteht sich, handhaben könnte? Als ich alle Möglichkeiten und Ansätze, dieses kleine Problem aus der Welt zu schaffen, für die Mutter erläutert habe, betritt der Parkschein-Gatte gerade wieder den Raum. „Ich habe es doch gewusst, Schatzi, natürlich hast du einen Parkschein ausgefüllt." Dieser Mann war ein Genie. Denn nachdem er das Parkscheinproblem gelöst hatte, löste er, allerdings unwissentlich, auch noch unser humangenetisches Vaterschaftsproblem. Als ich nämlich für die Eltern schließlich noch die Symptomatik der leichten Variante der möglichen Erkrankung ihres sich entwickelnden Kindes beschrieb – bestimmte Hautveränderungen, leichte Gesichtsauffälligkeiten und vieles mehr, sprach er plötzlich: „Nein, Schatzi, wir beide haben das alles nicht. Aber der Rudi, du weißt schon, mein alter Freund, der hat das alles. So ein Zufall, was Schatzi." Sprach's und trottelte immer noch volkommen gutmütig an der Hand seiner Frau aus dem Raum. Wirklich schade, dass dieses Kind die Genialität dieses Vaters nicht erben wird.

Im Namen des Vaters, des Sohnes und des Genes

Ein Gott-Gen?

Wir haben im vorigen Kapitel von der Rolle des Vaters, von Gott und auch von dem amerikanischen Genetiker Dean Hamer gesprochen. Diese Ménage à trois (und nicht Dreifaltigkeit) erinnert mich unverzüglich daran, noch von einer anderen Sensation zu erzählen: dem Gott-Gen! Erst kürzlich ist nämlich Professor Hamer in seinen Studien zur Verhaltensgenetik noch einen ganz schön großen Schritt weiter gegangen. Vielleicht sogar einen Schritt zu weit. Aber urteilen Sie selbst. Verhalten und Genetik, so viel wissen wir schon, ist das wohl schwierigste, aber andererseits vielleicht auch faszinierendste Kapitel, wenn man über die Macht der Gene nachdenkt. Jeder noch so kleine Mosaikstein menschlichen Verhaltens wird wahrscheinlich von vielen Genen gesteuert beziehungsweise beeinflusst (polygen) und ist letztendlich Produkt des Wechselspiels der Gene mit der Umwelt (multifaktoriell). Für viele Verhaltenseigenschaften und -merkmale des Menschen gibt es auch ganz sicher genetische Komponenten, die von großer Bedeutung für deren Ausprägung sind. So auch für die Frage, ob ein Mensch religiös veranlagt ist oder nicht!? Wirklich?

Warum werden dann oft Kinder aus sehr religiösen Elternhäusern überzeugte Atheisten? Oder warum passiert es nicht so selten, dass Kinder areligiöser Eltern sich oft sehr zu einer Religion hingezogen fühlen? Keine Macht den Genen? Aber andererseits gibt es Berichte von eineiigen (also genetisch identischen) Zwillingen, die getrennt aufwuchsen und, ohne voneinander zu wissen, beide Nonnen oder Priester wurden. Eine ganz aktuelle

Zwillingsstudie geht da sogar noch weiter. Diese Studie unter der Leitung des Londoner Genetikers Tim Spector führt wissenschaftliche Beweise dafür an, dass der Glaube an Gott etwas mit den Genen zu tun haben muss. Nicht die Bereitschaft zum Kirchgang, aber Gottgläubigkeit ist vielleicht 50 Prozent genetisch und (eigentlich nur) 50 Prozent durch Umwelt und Erziehung ausgelöst. Ob man das nun leiden kann oder nicht, aber diese Zwillingsstudie wurde vollkommen korrekt durchgeführt. Und auch die wissenschaftlichen Schlussfolgerungen daraus sind nach den anerkannten Vorgangsweisen für Zwillingsstudien gezogen worden. Also doch eine Macht der Gene – selbst bei diesem derart komplexen Thema? Immer wenn solche Zwillingsstudien Hinweise auf die Existenz entsprechender verantwortlicher Gene geben, sehen es viele Genetiker weltweit als durchaus gerechtfertigt an, jetzt die hoch komplexen, aufwändigen und teuren molekularen Methoden der Genforschung anzuwenden, um Ausschau nach möglichen Kandidatengenen im Erbgut des Menschen zu halten. Gesagt, getan. Das vermeintliche Gen heißt VMAT2 und sein Entdecker heißt, wieder einmal, Dean Hamer.

Die Nervenzellen unseres Gehirns kommunizieren untereinander mittels ganz bestimmter Botenstoffe, so genannter Neurotransmitter. Diese Botenstoffe spielen bei einer Vielzahl von Gehirnfunktionen die entscheidende Rolle. Emotionen wie Freude, Trauer, Angst, Glücksgefühle, sexuelle Erregung und noch vieles mehr – alles Produkte der aktuellen Aktivitätsprofile einer Vielzahl von Neurotransmittern im Gehirn. Sie können es sich schon denken. VMAT2 reguliert Aktivitätsprofile von Neurotransmittern im menschlichen Gehirn. Schon vor einigen Jahren wurden Tests und Befragungen an tausenden Männern und Frauen durchgeführt, um mehr über Neigungen zu Lastern wie Trinken oder Rauchen zu erfahren. Eine ganz andere Verhaltenskomponente beziehungsweise -neigung, die eher vielleicht das Gegenteil eines Lasters darstellt, wurde bei solchen psychologischen Reihenuntersuchungen auch hinterfragt: Es gibt Menschen mit einem

Sinn, einer Neigung für übernatürliche Phänomene. Diese Gruppe an Menschen glaubt fest an solche Phänomene, ist von ihrer spirituellen Bedeutung überzeugt und hat nicht selten derartige Erscheinungen selbst erlebt. So lauteten die Angaben der Befragten. Von Interesse für Genetiker war schließlich eine möglichst große Gruppe an Menschen mit solch einer überdurchschnittlichen Begabung, die offensichtlich etwas mit Spiritualität zu tun hat und oft in Glauben und Religiosität mündet. Entsprechend den oben erwähnten Zwillingsstudien von Tim Spector könnte man doch schließlich auch darüber spekulieren, dass es so etwas wie genetische Gemeinsamkeiten dieser Menschen gibt. Diese genetischen Anlagen dürften dann aber bei Atheisten nicht auftreten. Halt, gemeint ist natürlich nicht, dass Atheisten diese Anlagen nie haben dürfen, sondern vielmehr wieder, dass man einen statistisch signifikanten Zusammenhang wissenschaftlich nach- und beweisen können müsste. Das wäre schließlich mehr als ausreichend. Das wissen Sie schon seit unserer Diskussion über das Homosexualitätsgen. An dieser Stelle wird der Genetiker schließlich stets zum Vampir. Möglichst viele Blutproben aus der einen Gruppe und möglichst viele Blutproben aus der anderen Kontrollgruppe – so heißt dann die Devise. Sie fragen sich jetzt bestimmt: Woher weiß der Genetiker eigentlich, wenn er all diese Blutproben im Labor hat, wo er suchen soll? Das Erbgut des Menschen ist doch riesig, 30.000 bis 40.000 Gene (vielleicht sogar noch mehr, vielleicht aber auch ein bisschen weniger). Man muss deshalb das Suchareal einengen. Aber eben nicht so, wie der Mann, von dem ich erzählt habe, der den Schlüssel, den er im dunklen Areal verloren hat, trotzdem im Licht der Lampe sucht, weil man im Dunkeln ja ohnedies nichts finden kann. Es muss also schon sinnvoll sein. Würde es denn einen Sinn ergeben, wenn man eine genetische Gemeinsamkeit stark religiöser Menschen durch Analysen des ACTN3-Gens, des IGF2R-Gens, des INSIG2-Gens, des CRHR1-Gens oder beispielsweise der Genregion Xq28 aufdecken wollte? All diese Gene sind uns schon bekannt. Das

ACTN3-Gen spielt eine Rolle bei der Muskelentwicklung, das IGF2R bei Genialität, das INSIG2-Gen wirkt sich bei Übergewicht aus, das CRHR1 bei Alkoholismus, und die Genregion Xq28 wurde mit Homosexualität in Verbindung gebracht. Was haben Muskeln, Genialität, Übergewicht, Alkoholismus oder Homosexualität mit Religiosität zu tun? Sie meinen, so schnell sollte ich doch nicht schießen? Was und wie sehr in Klöstern und Priesterseminaren gevöllert wird, ist doch hinlänglich bekannt. Und wer dort mit wem vollkommen betrunken schmust, wissen wir doch auch. Übergewicht, Alkoholismus, Homosexualität in Priesterseminaren. Ich möchte mich auf diese Diskussion wirklich nicht einlassen, obwohl es sehr viel dazu zu sagen gäbe – sogar aus genetischer Sicht. Berücksichtigt sollte in diesem Zusammenhang immer die Frage werden, wer das Huhn und wer das Ei ist. Glücklicherweise, einen wissenschaftlich fundierten statistisch signifikanten Zusammenhang zwischen Genvarianten von IN-SIG2, CRHR1 oder Xq28 und Religiosität würden Genetiker nicht finden.

Nun aber zurück. Es ist also von großer Bedeutung, bei der Suche nach verantwortlichen Genen die Suchbereiche im menschlichen Erbgut sinnvoll zu begrenzen, wenn man ernsthaft sein Ziel erreichen will. Und abwegig ist es natürlich überhaupt nicht, wenn man bei der Regulation von Neurotransmittern ansetzt, um Genetik und Religiosität zu untersuchen. Inwieweit das wissenschaftlich brillant ist ... Wie auch immer, eine Assoziation bestimmter Genvarianten von VMAT2, das den Transport von Botenstoffen im Gehirn reguliert, und der Neigung zu Spiritualität konnte wirklich wissenschaftlich nachgewiesen werden.

Es gibt folglich Varianten eines Gens, die spirituelle, religiöse Menschen viel wahrscheinlicher tragen als areligiöse. Die Studien laufen und laufen. Und je länger sie laufen, umso eher verhärtet sich dieser Verdacht. In der Tat sind unter den Trägern dieser VMAT2-Genvarianten mit höherer Wahrscheinlichkeit religiöse als nicht religiöse Menschen. Sie wollen daran nicht so recht glauben? Dann sind Sie wahrscheinlich lediglich kein Träger dieser bestimmten VMAT2-Varianten. Ich meine, an dieser Stelle sollte man noch einmal ganz genau abwägen. Solche Untersuchungen eröffnen vielleicht viel mehr Fragen, als sie klären. Wenn Gene für Religiosität eine Rolle spielen, und das ist durch die erwähnten Zwillingsstudien irgendwie tatsächlich sehr wahrscheinlich, wie hoch ist dann der Anteil der Genetik gegenüber der auch unbestrittenen Bedeutung der Umwelt und Erziehung? Bei den wohl komplexesten Neigungen und Verhaltensmustern des Menschen, wie viele unzählige Gene werden da wohl einen Einfluss haben, das eine Gen mehr, das andere weniger? VMAT2 kann hier ja wirklich nur ein kleiner Baustein eines riesigen Gebäudes sein, das vielleicht einfach grundsätzlich die Empfänglichkeit gegenüber Übernatürlichem durch eine bestimmte Regulation von Gehirnbotenstoffen beeinflusst. Was ist überhaupt Religiosität und verwenden alle dafür einen einheitlichen Begriff? Was ist mit Spiritualität eigentlich gemeint? Wo und wer auf dieser Welt meint mit diesem Begriff was? Wie steht es um entsprechende wissenschaftliche Begriffsdefinitionen? Aber wenn die Welle des Sensationellen einmal ins Rollen gekommen ist, rücken die eigentlichen wissenschaftlichen Fragestellungen häufig sehr schnell in den Hintergrund. Die Statistik lügt nicht, und so kam es, wie es kommen musste. Wie so oft bei ähnlichen Ankündigungen hat auch hier die Veröffentlichung des Religiositätsgens eine Flut öffentlicher Reaktionen ausgelöst. Welchen Vorteil haben diese VMAT2-Genvarianten, dass sie sich in der Evolution so lange gehalten haben? Ist es evolutiv von Vorteil, einen Gott zu haben? Sind diese Varianten von Relevanz für alle Weltreligionen? Oder gibt es verschiedene Genvarianten, die die Neigung zu den verschiedenen Religionen auch ganz verschieden beeinflussen? Die aber am hitzigsten diskutierte Frage, weil auch zugegeben irgendwie spannend, war sofort: Wer trug oder trägt in der Geschichte diese Genvariante? Der Papst ja wohl sicher – oder? Anders gefragt, gab es in der

Geschichte einen Papst, der sie nicht trug? Wäre das die Erklärung für so manchen Missstand in der Kirche in der Vergangenheit? Der Papst muss diese Genvariante doch haben – denken Sie gerade bestimmt. Nun, wenn er aber muss, dann machen wir es in Zukunft doch gleich ganz fix. Das Konklave endet erst dann, weißer Rauch steigt erst dann auf, wenn die Wahl der Kardinäle auch durch einen Gentest biologisch abgesegnet ist. Sie wissen, dass das nicht mein Ernst ist. Viele Stimmen wurden nach der Veröffentlichung der VMAT2-Varianten laut, um eine noch viel größere Bedeutung kund zu tun. Solche genetischen Anlagen für Religiosität, für die wir keine evolutive biologische Bedeutung nachweisen können, sind doch automatisch ein Beweis für die Genialität des Schöpfers und seinen Einfluss auf die Evolution. Er hat damit seine Herde mit Brandzeichen versehen, die sicherstellen sollen, dass ihm zumindest ein großer Teil seiner Geschöpfe nicht davonläuft. Er hat den Menschen geschaffen und ihn sogleich mit einem Religiositätsgen ausgestattet. Wenn es aber in der Evolution keinen Vorteil bringt (oder keinen, den man bisher entdeckt hat), warum gibt es die religiös machenden Genvarianten immer noch? Ein klarer Schluss – weil eben Gott seine Hände in der Evolution des Menschen hatte und hat. So stellt er sicher, dass Religiosität nicht wie die Dinosaurier ausstirbt. Wasser auf diese Mühlen schüttete vor allem auch Dean Hamer selbst, als er sagte, dass diese seine neuen wissenschaftlichen Erkenntnisse die Existenz eines Gottes auf jeden Fall nicht in Frage stellen können. Diejenigen, die nicht an Gottes Hände in der Evolution glauben wollen, könnten sich einfach auf die Suche nach VMAT2-Varianten bei Menschenaffen machen. VMAT2 wird es höchstwahrscheinlich auch bei Schimpansen geben – aber wie steht es um die Häufigkeit der religiös machenden Varianten davon? Hm … Was würde es eigentlich beweisen, wenn man diese bestimmten Varianten auch bei Schimpansen finden würde? Dass VMAT2 nichts mit Religiosität zu tun haben kann, wäre der eine Schluss. Dass auch Affen an Gott glauben, der andere? Der Name Gott-Gen wurde aber eigentlich vor allem aus einem anderen Grund geprägt. Hören und staunen Sie.

Das Turiner Grabtuch

Wenn diese Genvariante oder jede andere, für die noch ein wissenschaftlicher Zusammenhang mit Religiosität erarbeitet wird, wirklich von so großer Relevanz ist, dann müsste sie einer aber eigentlich ganz bestimmt getragen haben: Jesus. Dafür spräche vieles. Einen stärkeren Glauben als den von Jesus selbst zu ermessen, fällt schwer. Jesus, dafür hätte Gott gesorgt, besaß wohl die besten genetischen Voraussetzungen für den Glauben. Und Jesus ist der Sohn Gottes. Nun, wer glaubt, braucht dafür (und für sonst auch nichts) irgendeinen biologischen Beweis. Daher ist die Frage, ob Jesus Träger der besprochenen VMAT2-Genvariante war oder nicht, irrelevant. Richtig. Dies gilt auch gleich für alle anderen Genvarianten, die man in Zukunft noch in einen Zusammenhang mit Religiosität bringen wird. Und mit Sicherheit werden da noch so einige dieser Art auf uns zukommen. Das Problem dabei erscheint mir ganz persönlich allerdings zu sein, dass es eventuell eine ganz einfache (und dementsprechend für viele Wissenschafter äußerst verlockende) Möglichkeit gibt, wirklich wissenschaftlich zu überprüfen, ob Jesus Träger all dieser Varianten an Religiositätsgenen war: das Turiner Grabtuch.

Am 12. April 1997 brach in den frühen Morgenstunden in der Kathedrale San Giovanni Battista ein Großbrand aus. Seinen Anfang nahm das Feuer in der Kapelle, in der das wohl berühmteste Grabtuch der Welt aufbewahrt wurde – das Turiner Grabtuch. Seit vierhundert Jahren befindet sich dieses Tuch schon in Turin – und dann dieser Brand! Gerettet werden konnte das Tuch nur Dank eines nahezu unglaublichen Ereignisses rund um den

Feuerwehrmann Mario Trematore. Diesem gelang es in jener Nacht, mit einem Hammer und der bloßen Kraft seiner Hände, das Panzerglas, das das Tuch vor allem und jedem schützen sollte, zu zerschlagen. Von einem Flammenmeer umgeben und unter den fassungslosen Augen seiner Kameraden schlug Mario Trematore mit blutigen Händen und blutüberströmtem Gesicht immer und immer wieder auf das Panzerglas ein. Er schien dazwischen geschwächt das Bewusstsein zu verlieren, schlug und hörte nicht auf zu schlagen. Jedem erschien dieses Unterfangen bereits sinnlos und lediglich lebensgefährlich, bis es plötzlich einen Knall machte und das Glas wirklich zerbrach. Millionen Fernsehzuschauer und tausende Passanten vor Ort konnten schließlich unter Applaus und Freudentränen verfolgen, wie die Feuerwehrmänner den Reliquienschrein auf ihren Schultern aus der Kapelle trugen. Danach gefragt, sagte Mario Trematore später vor den Reportern aller Welt, dass er nicht wusste, wieso und wie er das zu Stande gebracht hatte, und er kam zu dem Schluss: „Gott selbst hat mich geleitet und mir die Kraft gegeben, das Panzerglas zu zerschlagen."

Das ist nur eine der vielen Geschichten und Mythen, die sich um dieses Tuch ranken. Viele äußerst gläubige Menschen und Anhänger dieser Reliquie haben die Episode um Mario Trematore als ein Zeichen des beleidigten Gottes gedeutet. Denn einige Jahre davor hatten Wissenschafter verkündet, anhand eines Carbontests das genaue Alter dieses Tuches bestimmt zu haben. Nach diesem Test sei das Tuch zwischen 1260 und 1390 entstanden und könne daher überhaupt nicht sein, wofür es so viele Menschen halten. Viele andere Tests (zum Beispiel an Staub- und Blütenpartikel) sprechen andererseits für seine Echtheit: Entstehungsalter vor 2000 Jahren, Entstehungsort Vorderer Orient. Aber wofür halten es viele Gläubige eigentlich? Für das Grabtuch von Jesus Christus. Auf diesem 1,10 mal 4,36 Meter großen Leinentuch ist das Abbild eines etwa dreißigjährigen Mannes von ganz aktuell ermittelten 1,87 Meter Größe erkennbar. Gerade erst jetzt hat ein italienischer Neurochirurg Daten veröffentlicht, die für eine Größe von 1,87 Meter sprechen. Eines ist ganz sicher: Der ganze Körper des Leichnams zeigt Spuren einer Geißelung, Blutungen an den Handwurzeln, den Füßen und an der rechten Brustseite. Wirklich sichtbar wurde dies alles eigentlich erst im Jahre 1898, als der italienische Fotograf Secondo Pia die ersten Fotos des Leinentuches machte. Denn es stellte sich dabei heraus, dass auf dem Fotonegativ das eigentliche Bild herauskam. Das Grabtuch selbst ist also quasi ein Negativ, das erst durch die Herstellung eines Fotonegativs ein wahres Bild zum Vorschein bringen lässt. Aber wie kann so ein Negativ eines männlichen Leichnams auf ein Leinentuch kommen? Unzählige Erklärungstheorien wurden abgewogen und führten zu der Annahme, dass irgendwie ein Energieblitz dazu geführt haben muss … Inwieweit das Tuch aber echt ist, bleibt unter Fachleuten umstritten. Viele einzelne Analysen, wie zum Beispiel eine Pollenanalyse, sprechen dafür, der oben erwähnte Carbontest aber dagegen. Das Tuch wurde unzählige Male berührt, man hat es sogar angeblich an bestimmten Stellen ausgebessert. Das und so manches mehr spricht gegen die Aussagekraft dieses Carbontests. Warum es hier überhaupt wichtig sein könnte, ob dieses Tuch echt ist, ob also wirklich der Leichnam von Jesus darin eingewickelt war? Nun, wir haben im Zusammenhang mit Mozarts Schädel bereits diskutiert, wie viel man erfahren könnte, hielte man eine auch noch so alte Probe eines bestimmten Menschen in Händen (wegen der Verunreinigungsgefahr in diesen Fällen sicher immer besser mit Laborhandschuhen aus Gummi): Verwandtschaftsanalysen sind fast immer möglich. Ob auch noch weiterführende Genanalysen möglich sind, hängt davon ab, ob man noch zumindest Teile halbwegs intakter DNA (die chemische Substanz, aus der Gene gemacht sind – Sie erinnern sich) finden kann. Das ist heute sehr schwierig, vielleicht in Zukunft aber einmal besser möglich. Im nächsten Kapitel werden wir noch genauer darauf eingehen, wie wenig Material für solche Analysen ausreicht. Eine einzige Hautzelle, ein paar Blutzellen, ein einziges Haar, ein paar Spermien reichen völlig aus, um das Buch der Gene zu öffnen und zu lesen. Davon lebt die moderne Kriminologie. Aber dazu später. Sie denken vielleicht gerade: „Er will doch nicht etwa?!" Nun, ob ich will, steht überhaupt nicht zur Debatte – und glauben Sie mir, ich will nicht. Aber denken Sie doch einmal zumindest ganz kurz darüber nach. Ein Leinentuch, in das ein blutiger Leichnam voll Schweiß mit offenen Wunden eingewickelt war. Wenn das Blut und die Hautzellen wirklich von Jesus stammen, dann könnte man vielleicht auch heute noch genetische Analysen des Sohn Gottes durchführen! Schon die banalsten Ergebnisse solcher Analysen hätten unglaubliche Auswirkungen. Mit welchem noch heute lebenden Volk war Jesus näher verwandt? Stellen Sie sich einmal kurz vor, wie das den Marktwert von Samen- oder Eizellspendern weltweit beeinflussen würde: Verwandtschaft mit Jesus in Prozent … Für welche Erkrankungen hatte Jesus Christus genetische Anlagen? Und wie steht es um ACTN3, IGF2R, INSIG2, CRHR1 …? Oder war Jesus etwa Träger der Homosexualitätsvariante am Chromosom Xq28? Freilich, die VMAT2-Genvariante für Religiosität hat er ja wohl bestimmt getragen. Dafür hätte Gott auf jeden Fall gesorgt, hätte er das gekonnt. Denken Sie nur, Jesus als Sohn Gottes ist genau 50 Prozent identisch mit seinem Vater! Pietätloser Schwachsinn, aber eben doch für so manche nicht nur ein Gott-Gen, sondern sogar tausende!

Der Da-Vinci-Gen-Code

Wenn schon Fiktion, dann aber richtig! Seitdem ich von Dan Browns Roman „Sakrileg" und seiner Hollywood-Verfilmung „The Da Vinci Code" gehört habe, geht mir das oben Angesprochene nicht mehr aus dem Kopf. Die meisten von Ihnen kennen den Inhalt dieses Romans wahrscheinlich besser als ich – ich fasse also für mich zusammen. Der Jünger neben Jesus im Gemälde

„Abendmahl" von Leonardo da Vinci (1452–1519) im Refektorium von S. Maria delle Grazie in Mailand ist in Wirklichkeit Maria Magdalena. Texte, die nie in die Bibel aufgenommen wurden, sollen beweisen, dass Maria Magdalena Jesus Frau war. Aus dieser Beziehung seien Nachkommen von Jesus Christus entstanden, das Königsgeschlecht der Merowinger, das von 450 bis 751 Frankreich regierte und (heimlich) bis heute fortbesteht. Der Autor Dan Brown ist davon überzeugt, dass gegenwärtig noch Nachkommen von Jesus unter uns leben, dass der Orden der Tempelritter dies im Mittelalter entdeckt hätte und die Glaubengemeinschaft „Opus Dei" eine seiner Aufgaben darin sieht, das zu vertuschen. Nur ein Roman – und doch behaupten viele gemeinsam mit seinem Autor, jede Menge Beweise für diese Theorie zu haben. Ein Romanstoff also, der auf der Wahrheit beruht? Lediglich die Tatsache, dass so viele Menschen weltweit darüber diskutierten und noch immer diskutieren, wirft für mich die Frage auf: Warum hat noch niemals jemand zumindest darüber spekuliert, dass man diese Theorie doch eventuell überprüfen könnte? Bei allem, was über diesen Stoff schon gesagt, geschrieben, verfilmt, gedroht und (ver-)geklagt wurde! Liebe LeserInnen, Sie wissen schon, wie man Dan Brown, der katholischen Kirche, den Tempelrittern, Opus Dei und Tom Hanks (er spielt die Hauptrolle in der Verfilmung dieses Romans) helfen könnte – nicht wahr? Ich muss Ihnen lediglich noch das Probenmaterial für den genetischen Vergleich liefern. Na mal sehen. Was halten Sie von gesicherten sterblichen Überresten eines Merowingers? In der Tat gibt es derer sogar mehrere. Der Name Merowinger ist von Merowech abgeleitet. 1653 wurde beispielsweise in Tournai die Grabstätte seines Sohnes Childerich I. gefunden. Sie meinen in Anlehnung an unsere Erfahrungen mit Mozarts Verwandtschaftuntersuchungen: Nicht schon wieder Knochen! Frisches Blut wäre Ihnen lieber? Tatsächlich dürfte es genetische Nachkommen der Merowinger auch heute noch geben, denn die Karolinger haben bei der Entmachtung der Merowinger nicht etwa alle Mitglieder dieses Königsgeschlechts umgebracht. Es wird zum Beispiel behauptet, dass die französische Adelsfamilie Monpézat, aus der etwa der dänische Prinzgemahl Henrik, Comte de Laborde de Monpézat, stammt, heute noch lebende Nachkommen der Merowinger sind. Nun, eigentlich ist das ja nicht direkt unser Problem. Denn die Aufgabe Blut von Nachkommen von Jesus Christus zu bringen, könnten wir auch denen übertragen, die, wie Dan Brown und viele seiner Berater, davon überzeugt sind, dass Nachfahren Jesus auch heute noch unter uns leben. Ob sie nun wirklich genetische Nachkommen von Jesus sind, dafür müssten wir lediglich eine der bereits mehrfach (zum Beispiel bei Mozart) angesprochenen und im nächsten Kapitel noch genauer erläuterten genetischen Vergleichsstudien durchführen. Vergleichen ja – aber womit? Natürlich mit Proben des Turiner Grabtuches. Stellen Sie sich einmal den internationalen Aufschrei vor, wenn eine Verwandtschaft zwischen dem in diesem Grabtuch eingewickelten Gekreuzigten mit den Merowinger-Knochen oder den heute noch lebenden mutmaßlichen Merowinger-Nachkommen genetisch bewiesen würde! Kaum auszudenken! An einen Zufall würden wohl die Wenigsten denken. Nach all dem, was bereits dazu gesagt wurde. Eine genetische Analyse könnte eventuell auch Entscheidendes zu der Frage der Echtheit des Grabtuches beitragen.

Neben diesem Grabtuch existieren heute nämlich noch andere Reliquien, die von Jesus berührt worden sein sollen. Viele davon hielten keinerlei wissenschaftlichen Überprüfungen stand und sind daher viel eher fromme Fälschungen. Nicht so aber ist es bei dem noch existierenden Kreuzteil, dem so genannten „Titulus". Das ist jener Teil oben am Kreuz, auf dem üblicherweise das Verbrechen eines Todeskandidaten angeführt war. Historische Überlieferung, Alter, Inschrift und noch einiges mehr sprechen dafür, dass diese in der römischen Santa Croce aufbewahrte Reliquie echt ist und wirklich vom Kreuz, auf dem Jesus starb, herrührt. Für unsere „genetischen" Gedanken ist dieser Kreuzteil außerdem deshalb von größter Bedeutung, weil die Bibel ganz genau beschreibt, dass Jesus einmal darauf gestanden hat. Was also, wenn genetische Übereinstimmung zwischen Grabtuchproben und Proben dieses Holzstückes eindeutig wissenschaftlich bewiesen werden könnten. Auch hier würde dann doch niemand mehr an einen Zufall mehr glauben. Probenmaterial von beispielsweise Fußhautzellen (oder dem Blut der Füße) auf einem Kreuzteil, von dem überliefert wurde, dass es das Kreuz Jesus war, soll rein zufällige genetische Übereinstimmungen mit Probenmaterial von Haut oder Blut auf einem Grabtuch haben, das in Turin als Jesus Reliquie verehrt wird? Und jetzt schließen wir den Kreis: Wenn diese beiden Reliquien Probenmaterial mit genetischen Übereinstimmungen liefern würden und diese wiederum mit Grabknochen oder gar Blutproben von Merowingern Übereinstimmungen aufweisen würden …! Tritt der Fall ein, dass bei solch einer wissenschaftlichen genetischen Untersuchung keine Übereinstimmungen nachgewiesen würden, wären wir auch nicht viel klüger. Sollten bei solchen genetischen Verwandtschaftsanalysen allerdings Übereinstimmungen nachweisbar sein, wäre das wahrscheinlich eine der größten Sensationen unseres noch so jungen Jahrtausends, vielleicht sogar unserer auch noch jungen Menschheit. Wäre es ein Sakrileg, dies anzudenken oder gar durchzuführen? Oder ist es ein Sakrileg, es nicht zu tun?

Das Erbe des Paten

Die Gene als Täter

Nachdem in Francis Ford Coppolas Mafia-Saga der Pate, Don Vito Corleone (Marlon Brando), stirbt, haben die Männer des Clans automatisch die Hand des neuen Paten, seines Sohnes Michael Corleone (Al Pacino), geküsst. Aber wieso ist der Sohn garantiert gleichfalls ein (genialer) Verbrecher wie sein Vater? Wieso setzen das alle Mitglieder der Mafiafamilie voraus? Weiß die Mafia etwas, was wir nicht wissen? Davon gehe ich ganz selbstverständlich aus. Aber hat das etwas mit Genetik zu tun? Kennt die Mafia gar das Verbrechergen?

Wer kennt sie nicht, Geschichten wie die folgende. Sie sind Vater und Sohn, aber ihre Wege haben sich durch Adoptionsfreigabe des Sohns früh getrennt. Nach unzähligen Jahren getrennten Lebens treffen sie sich zufällig wieder. Beide sitzen im selben Gefängnis in Arizona. Beide sind verurteilt wegen vorsätzlichen Mordes. Und sie haben noch etwas gemeinsam. Eine ausgeprägte Vorliebe für Schach. Ihre Schachzüge werden von Wärtern hin- und hergebracht – von einer Todeszelle in die andere Todeszelle. Solche und ähnlich gelagerte Fälle haben in den USA zu eine breiten Diskussion geführt. Gibt es ein oder mehrere Verbrechergene? Wie steht es mit dem Killergen? Natürlich wurden unzählige Studien dazu gemacht. Ausgegangen ist man in diesem Fall aber ursprünglich eher von der Umwelttheorie und wurde dann erst durch die erzielten wissenschaftlichen Ergebnisse kontinuierlich, aber sicher in die Richtung bestimmter genetischer Anlagen gedrängt. Vollkommen klar war und ist die Rolle der Umwelt. Ein gewaltbereites Zuhause in einem gewaltbereiten Stadtviertel ist nahezu ein Garant für eine hohe Wahrscheinlichkeit, dass so aufwachsende Kinder früher oder später auf die schiefe Bahn geraten. Letztendlich tun sie nichts anderes, als Mozart in Bezug auf seinen Vater getan hat. Sie nehmen von ihren Vätern und Müttern an, was die ihnen vormachen und ungewollt oder vielleicht nicht selten sogar gewollt an „krummen Dingern" beibringen. Wenn der Vater mit Drogen handelt, der ältere Bruder einer Bande angehört und selbst in der Schule Gewalt an der Tagesordnung steht, wie soll es dann anders kommen? Strafverteidiger haben diese Argumentation bis ins Detail perfektioniert, wenn es darum geht, ihre jugendlichen straftätigen Mandanten zu verteidigen. Das ist aber nicht lediglich die „Masche" einer Verteidigungsstrategie. Das ist eine von Staatsanwälten und Richtern genauso wie von der Gesellschaft akzeptierte Tatsache. Dieses Faktum soll vor Gericht letztendlich dazu angeführt werden, um zu beweisen, dass der oder die Jugendliche lediglich durch seine/ihre Umwelt so geworden ist. Der junge Straftäter ist nicht grundsätzlich schlecht, gewalttätig oder kriminell. Seine Umwelt hat ihn dazu gemacht. Man muss ihm nur zeigen, wie eine gewaltfreie Welt funktioniert, und er wird sich nach entsprechender psychologischer Betreuung sehr gut und als wertvolles Mitglied in unsere Gesellschaft eingliedern können. Eine Wiederholungstat ist auszuschließen.

Eine Wiederholungstat ist auszuschließen? Dieser Satz hat auch schon Berühmtheit erlangt. In letzter Zeit aber eher durch all die bekannt gewordenen Wiederholungstaten von entlassenen, geläuterten und von Psychologen als rehabilitiert und jetzt harmlos eingestuften Tätern – nicht selten Triebtätern. „In dem steckt es einfach drin. Da kann man machen, was man will. Der eine hat so etwas, und der andere hat es eben Gott sei Dank nicht." Solche und ähnliche Äußerungen hört man immer öfter von aufgebrachten Menschen, die an Zeitungsständen von Schlagzeilen wie „Gerade entlassener Triebtäter vergewaltigt 11-Jährige!" erschlagen werden. Das hat man, oder man hat es eben nicht. Erinnern

Sie sich? Ich habe schon in ganz anderen Zusammenhängen erläutert, dass ich glaube, dass diese und ähnliche Aussagen letztendlich immer das Gefühl von uns allen beschreiben, dafür, dass die Umwelt für dieses sich in letzter Konsequenz ausbildende Merkmal, die Eigenschaft, eine geringere Rolle spielt. Es steckt ganz tief in einem drin. Niemand kann durch noch so viele Umwelteinflüsse (Trainieren) das Ballgefühl von Ronaldinho erlangen. Niemand kann durch noch so viele Umwelteinflüsse (Musizieren und Musizieren) sich das Genie von Mozart erarbeiten. Das nehmen wir doch alle irgendwie als gegeben hin. Aber wie steht es zum Beispiel um einen Mann, der einen unwiderstehlichen Drang spürt, einem anderen den Penis bei lebendigem Leibe abzuschneiden (wohlgemerkt mit dessen Einverständnis) und schließlich diesen Penis gemeinsam mit dem Opfer zu essen? Danach hat der als „Kannibale von Rotenburg" bekannt gewordene Armin Meiwes sein Opfer schwerst verletzt und begonnen, es bei lebendigem Leibe zu verzehren. Natürlich kann ein unglaubliches, wahrscheinlich nie mehr auflösbares Netz an Umwelteinflüssen jemanden zu so einer verachtenswürdigen und abscheulichen Tat treiben. Oder ist das doch einfach ein Fall für: Das hat man, oder das hat man nicht?

Wie steht es also um genetische, angeborene und nur äußerst schwer zu bändigende Anlagen für Verbrechen, Perversion, Gewalt …? Kann man hier auch Zwillingsstudien heranziehen? Hat man genügend eineiige (also genetisch identische) Zwillinge, die in verschiedenen Milieus aufgewachsen sind – der eine gewaltfrei und der andere in Verbrecherkreisen? Würde die Wahrscheinlichkeit für einen gewaltfrei Erzogenen, auf die schiefe Bahn zu geraten, dadurch höher sein, dass er einen genetisch identischen Verbrecher zum Bruder hat? Auch das hat man versucht zu studieren und die Ergebnisse waren verblüffend. Sie wiesen eindeutig auf Verbrechergene hin. Da man die wesentliche Rolle der Umwelt gar nie in Frage gestellt hat, reichte es anfangs vielen Forschern, die Frage zu untersuchen, ob die Gene überhaupt irgendeine

Rolle dabei spielen. Also einmal anders gedacht. Zwillingsbrüder wachsen zumeist in denselben Familien, im gleichen Freundeskreis, im selben Milieu auf. Das heißt, wenn beide Zwillingsbrüder kriminell werden (oder beide eben nicht), sagt das noch nichts über genetische Anlagen dafür aus. Die spezifische, aber eben gemeinsame Umwelt könnte das ganz alleine bewirkt haben. Zweieiige Zwillinge sind 50 Prozent genetisch identisch und wachsen meist in derselben Umwelt auf. Eineiige Zwillinge sind 100 Prozent identisch und wachsen ebenso in derselben Umwelt auf. Wenn es die Umwelt vollkommen unabhängig von den Genen bewirkt (und das war ja anfangs die Theorie), dann müsste die Wahrscheinlichkeit dafür, dass beide zweieiigen Zwillinge beispielsweise gewalttätig werden, genauso hoch sein wie die dafür, dass beide eineiigen Zwillinge Verbrechen begehen. Studien dieser Art wurden unzählige gemacht. Unzählige aber eigentlich deshalb, weil am Anfang niemand so recht die dabei erzielten wissenschaftlichen Resultate glauben wollte. Mit offenem Mund und oft entsetztem, aber immer fasziniertem Gesichtsausdruck verfolgten Genetiker, Juristen und Inhaftierte, wie Schritt für Schritt eine Studie nach der anderen die Bedeutung der Gene herausmeißelte. Obwohl immer beide Zwillingsbrüder unter denselben Umwelteinflüssen erzogen wurden, waren die Überlappungswahrscheinlichkeiten bei eineiigen Zwillingen stets mehr als doppelt so hoch als bei zweieiigen, die genetisch eben nur halb identisch sind. Die Gene spielen für diese Merkmale und Eigenschaften des Menschen also doch eine ganz schön große Rolle. Ein sehr schwerwiegendes und natürlich auch hitzig diskutiertes Phänomen. Aber während die Diskussionen immer hitziger wurden, wurden die wissenschaftlichen Beweise für genetische Determination verbrecherischer Anlagen immer stichhaltiger und eindrucksvoller. Eine sehr umfassende Studie von dänischen Genetikern zum Beispiel ergab 76 Prozent Vererbbarkeit für wiederholte Eigentumsdelikte und 50 Prozent für gewaltsame Strafdaten gegen Personen! Das war wirklich unglaublich! Fast noch unglaublicher war es, wie

schnell dann auch gleich biochemische beziehungsweise genetische Grundlagen für diese Phänomene gefunden wurden.

Das Y-Chromosom macht, zumindest meistens, den Mann
zum Mann (siehe das Kapitel „Die Sex-Chromosomen"). Die ge-
schlechtsdeterminierende Region (SRY) auf diesem Chromosom
ist ausschlaggebend, so haben wir es bereits an anderer Stelle besprochen. Das Y-Chromosom rückte zuerst einmal noch eher un-
begründet und auch unbestätigt in den Mittelpunkt des Interesses
von Verhaltensgenetikern. Es waren die statistischen Zahlen, die
es mehr oder weniger verlangten, über dieses Chromosom nachzudenken. In den USA werden Männer fünfmal häufiger als
Frauen wegen Anwendung schwerer Gewalt angeklagt, ungefähr
zehnmal häufiger wegen Mord und ungefähr hundertmal häufiger wegen Vergewaltigung (ich finde auch, selbst nachdem ich
Demi Moore gesehen habe, wie sie Michael Douglas in dem Film
„Enthüllung" „vergewaltigte", immer noch nicht überraschend).
Nicht viel anders sehen die Zahlen beispielsweise für Europa aus.
Nahe liegend also, dass „männlich = aggressiv" irgendwie in unser aller Köpfe verankert ist. Aber könnte das nicht auch spezielle
Einflüsse der Umwelt, der Gesellschaft widerspiegeln? Hat man
es nicht schon seit Urzeiten vom Mann erwartet, dass er auf die
Jagd geht, dass er Frau und Kinder, wenn nötig, mit Gewaltanwendung beschützt, dass er auch, wenn nötig, gewaltsam um
seine Partnerin buhlt? Und das alles, während Frau zu Hause, in
der Höhle, sitzt und behutsam, besonnen und mit Nachsicht die
Nachkommenschaft betreut. Um ein Tier mit einem Speer zu töten, um einen Krieg gegen ein befeindetes Volk zu führen, ist genauso viel Aggression notwendig wie heute, um in der Firma seinen Konkurrenten auf die Strecke zu bringen. Wobei ich persönlich fest davon überzeugt bin, dass die Einführung des Geldes in
unserer Gesellschaft einen enormen Einfluss auf die Ausprägungen und Anwendungen von Gewalt und Aggression genommen
hat. Wird der Mann durch die Erwartungshaltungen seiner Umwelt in diese Ecke gedrängt oder kommt er mit Anlagen für sol-

ches Verhalten zur Welt? Und wenn er dieses Potenzial in seinen Genen trägt, sitzen die dann auf dem Y-Chromosom, das ja schließlich den genetischen Unterschied schlechthin zwischen Mann und Frau darstellt? Man glaubte schon, den optimalen Ansatz zur Untersuchung dieser Frage gefunden zu haben, als man vor einigen Jahrzehnten entdeckte, dass selten, aber doch Männer mit nicht nur einem, sondern sogar einem zweiten Y-Chromosom zur Welt kommen. Diese Männer haben dann nicht wie im Normalfall 46 Chromosomen und davon ein X- und ein Y-Chromosom, sondern 47 Chromosomen und davon ein X-, aber eben zwei Y-Chromosomen. Diese Männer leben unbeeinflusst von diesem zusätzlichen Y-Chromosom vollkommen körperlich gesund. Aber wie steht es um Gewalt, Aggression und Verbrechen? Es war eine sich nicht mehr beruhigen wollende Aufregung, als Genetiker zuerst einmal in Gefängnissen nachschauten. Ungefähr jeder tausendste Mann hat ein zusätzliches Y-Chromosom. Bei den männlichen Bewohnern von Gefängnissen war aber die gefundene Wahrscheinlichkeit über zehnmal höher! Studien um Studien wurden durchgeführt, tausende Männer, ob in Gefängnissen oder nicht, dafür untersucht. Es schienen sich verschiedene Merkmale gemeinsam mit dem zusätzlichen Y-Chromosom herauszukristallisieren. Diese Männer waren durchschnittlich etwas größer, vielleicht etwas weniger intelligent und möglicherweise etwas eher kriminell. Vielleicht, möglicherweise? Das hört sich nicht sehr wissenschaftlich an. Nun, die Ergebnisse sind sehr viele und doch sehr schwer zu fassen. Wenn man all die vielen Untersuchungen zusammenfasst, kann man leichte Unterschiede nachweisen – Unterschiede, die ständig an der Grenze der statistischen Signifikanz kratzen. Am ehesten noch scheint die Neigung zur Kriminalität von klarerer wissenschaftlicher Haltbarkeit.

Als Genetiker sich dann auf die Suche nach Genen auf dem Y-Chromosom begaben, was man natürlich sofort, als die molekulargenetischen Methoden dafür zur Verfügung standen (was allerdings noch nicht so lange der Fall ist), nicht mehr aufhalten konnte, war die Ausbeute zunächst ernüchternd. Die Wissenschafter begannen die Sache noch einmal von einer anderen Seite zu betrachten, mit der Hoffnung, dort mehr Glück zu haben. Das Y-Chromosom ist für die Herstellung von Testosteron im Hoden zuständig. Und so wählte man zwei wissenschaftliche Ansätze, um die Rolle von Testosteron auf die Entwicklung von Aggressivität und Gewalt zu studieren. Einerseits bestimmte man bei tausenden gewalttätigen und auch nichtgewalttätigen Männern den Testosteronspiegel. Und andererseits verabreichte man Mäusen und Ratten in Tierexperimenten Testosteron und beobachtete daraufhin ihre Gewaltbereitschaft. Wie man bei Mäusen Aggressivität studiert? In Käfigen gehaltene Mäuse beißen, schlagen, kratzen ihre Mitbewohner abhängig von ihrem Aggressionspotenzial mehr oder weniger. Wissenschafter haben ganz genaue Beobachtungs- und Bestimmungsschlüssel für den Nachweis solchen Verhaltens entwickelt. Die erzielten Resultate hätten nicht eindeutiger sein können: Ein erhöhter Testosteronspiegel ist klar assoziiert mit aggressivem Verhalten. Sie meinen, das war es – jetzt ist es bewiesen? Nun, der Zusammenhang ist in der Tat vollkommen stichhaltig. Lediglich die Frage, wer das Huhn und wer das Ei ist, bleibt weiterhin offen. Denn genauso eindeutig wurde nämlich gezeigt, dass aggressives Verhalten den Testosteronspiegel zum Steigen bringt. Ganz ähnlich verhält es sich mit dem Zusammenhang eines niedrigen Serotoninspiegels mit Aggressivität. Auch hier weiß man nicht, ob der niedrige Spiegel die Aggressionen verursacht oder das permanent aggressive Verhalten das Serotonin vermindert. Es ist aber auch schon gezeigt worden, dass das Gen für die Monoaminooxidase A für den Serotoninspiegel verantwortlich ist und dass bestimmte Varianten davon mit Verbrechen assoziiert sein können. Egal, liebe Leserinnen, Sie haben Recht. Es ist theoretisch möglich, die Aggressionen Ihres Mannes, wenn die Nudelsuppe lauwarm ist oder der Rasenmäher nicht anspringen will, durch ein wenig Serotonin im Frühstückskaffee zu reduzieren. Zumindest bei Mäusen funktioniert das. Oder haben

Sie schon einmal einen Mäuserich gesehen, der sich über die Temperatur der Nudelsuppe oder über seinen Rasenmäher ärgert? Aber treiben Sie es nicht zu weit. Schließlich ist Aggression in richtigen Dosen und im richtigen Moment eine vollkommen natürliche, ja oft überlebenswichtige Eigenschaft. Denn ein hoher Serotoninspiegel und ein niedriger Testosteronspiegel sind auch dafür verantwortlich, dass Ihr Partner einfach schnarchend Ihre Aufforderung, das Bett zu verlassen, weil Sie in der Wohnung ein Geräusch gehört haben, ignoriert. Ähnlich niederschmetternde Auswirkungen falscher Serotonin- und Testosteronspiegel (vielleicht gemeinsam mit dem Bierspiegel im Blut) könnten Sie erleben, wenn Ihr Partner seine müden Augen nicht von der Fußballübertragung im Fernsehen bekommt, obwohl Sie in schwarzen Strapsen vollkommen unmissverständliche Signale senden.

Aus all dem oben Gesagten könnten Sie jetzt schließen, dass zwar die Macht der Gene im Zusammenhang mit Gewalt, Aggression und Verbrechen mittlerweile wissenschaftlich vollkommen unbestritten ist und auch das Y-Chromosom hier offensichtlich eine Rolle spielt, dass aber andererseits Kandidatengene ja doch noch nicht so viele gefunden wurden. Mitnichten … Es gibt sogar schon sehr viele Gene, bei denen bestimmte Varianten eindeutig mit Verbrechen assoziiert wurden. Sie werden es nicht glauben, es existieren schon so viele solcher Variantentypen, dass man sich sogar schon an die Arbeit macht herauszufinden, für welche Art von Verbrechen beziehungsweise Gewaltanwendung sie wohl eher verantwortlich sein könnten. Ein Mördergen, ein Vergewaltigungsgen, ein Diebstahlsgen? Oder vielleicht sogar schon Untergruppierungen? Ein Schusswaffenmordgen, ein Messerstechermordgen, und das Fußeinzementierunddanninswasserschmeißgen der Familie Corleone? Das natürlich nicht. Und trotzdem: Die Entdeckungen von Genen, die für Gewaltbereitschaft und schließlich Verbrechen eine Rolle spielen könnten, reißen nicht ab. So ist schon vor einiger Zeit etwa eine Forschergruppe um Solomon Snyder mehr zufällig eine überraschende

Entdeckung gelungen. Um die Funktion eines Gens zu studieren, machen Wissenschafter dieses Gen oft bei Mäusen einfach gentechnologisch kaputt (Knock-out-Mäuse) und beobachten dann genau, wie es den Mäusen daraufhin geht. Als Professor Snyder und sein Team das Gen für Salpeteroxydsynthase (oder NOS aus dem Englischen für nitric oxide synthase) bei Mäusen zerstörten, haben sie zuerst keinerlei Auswirkungen für diese Tiere feststellen können. Man sollte an dieser Stelle erwähnen, dass NOS eine Art Neurotransmitter ist, den Hirnzellen verwenden, um untereinander zu kommunizieren. Sie erinnern sich, Varianten eines Gens, das auch für diese Kommunikation von Bedeutung ist, haben wir schon kennen gelernt, weil man sie für die Anlage zur Religiosität verantwortlich macht. Schon etwas enttäuscht, gelang den Forschern dann doch noch eine Beobachtung. Eigenartigerweise fanden Sie jeden Morgen einige tote Mäuse in den Käfigen. Die Mäuse waren nicht etwa krank. Die Forscher installierten daraufhin Kameras über den Käfigen, um dieser ungewöhnlichen Beobachtung und dem seltsamen Treiben in der Nacht auf die Schliche zu kommen. Gleichsam wie die Überwachungskameras, an die wir uns alle schon in unserem täglichen Leben gewöhnt haben, entdeckten sie, dass die männlichen Mäuse sich jede Nacht schwere Kämpfe lieferten, und zwar solange, bis einige davon dabei getötet wurden. Und so wird man zum Entdecker von Gewaltgenen, ohne eigentlich jemals danach gesucht zu haben.

Die genetische Forschung im Zusammenhang mit Gewalt, Aggression und Verbrechen war und ist stets von einem Tross an Überlegungen und Diskussionen begleitet. Das liegt auf der Hand. Einerseits könnten die Argumente von Verteidigern Wind in ihren Segeln bekommen. Nicht nur für seine negativen Umwelteinflüsse, für seine so schwere Kindheit kann der Angeklagt nichts. Zusätzlich wurde auch ein Gentest durchgeführt, der eindeutig ergab, dass der Angeklagte Träger einer Vielzahl an Verbrechergenvarianten ist. Er kann nichts dafür, er konnte nicht anders. Seine Gene haben ihn dazu getrieben. Er ist nicht „psychisch unzurechenbar", sondern eigentlich „genetisch unzurechenbar". Was halten Sie davon? Die möglicherweise auf uns zukommenden Auswirkungen sind aber vielleicht noch viel besorgniserregender. Was, wenn unsere Gesellschaft sich eines Tages auch aus ökonomischen Beweggründen dazu durchringt, einem sozusagen genetisch veranlagten Verbrecher keine Rehabilitationsarbeit oder Wiedereingliederungsmaßnahmen zuteil werden zu lassen, weil es „genetisch aussichtslos" ist? Da man die Gene nicht ändern kann, kann sich dieser Mensch nicht bessern oder ändern. Die ganze psychologische und psychiatrische Arbeit in diese Richtung ist vollkommen aussichtslos. Natürlich trifft es auch hier zu, dass die Umwelt gleichfalls einen starken Einfluss ausübt. Vielleicht könnte man sogar zu dem Schluss kommen, dass bei wenigen genetischen Anlagen für Aggressivität und Gewalt die Umwelt weniger wichtig ist. Ganz wichtig wird die Umwelt aber stets dann, wenn gerade solche Anlagen vorhanden sind. Hier ist sie ja praktisch die einzige Chance, den Ausbruch, die Umsetzung dieser genetischen Anlagen zu verhindern oder zumindest zu minimieren. Wir alle sind doch vollkommen von dem großen Nutzen psychologischer und sozialer Programme für jugendliche Straftäter überzeugt. Wir werden erst wieder darüber nachdenken, wenn die Wissenschaft die Entdeckung von Genvarianten verlauten lässt, die direkt den unkontrollierbaren Trieb verursachen, den Penis eines anderen mit ihm gemeinsam zu essen. Dann – und erst dann – könnte man sagen: Das hat man, oder das hat man nicht!

Lassen Sie mich noch ganz kurz auf eine Angst eingehen, die mich immer durchläuft, wenn ich über diese Thematik nachdenke. Es ist wirklich nur so ein Gedanke, der mich irgendwie daran erinnert, dass es vielleicht manchmal sogar mehr als zwei Seiten einer Münze gibt. Angenommen, man hat zwei Verdächtige, wobei viele Indizien für den einen und viele für den anderen sprechen. Könnte es eines Tages sein, dass Staatsanwälte und Richter auf ihrer Suche nach der Wahrheit auch eine genetische

Analyse auf eventuelle genetische Anlagen vor Gericht anwenden oder zulassen? Nur so als zusätzliches Indiz ... Spätestens seit den bekannt gewordenen Geschichten über US-amerikanische Gefängnisse für vermeintliche Terroristen scheint uns klar geworden zu sein, was man nicht alles an Indizien heranziehen wollte und könnte, wenn man eigentlich keine hat. Und andererseits kann man sich vielleicht auch sogar vorstellen, dass Erziehung und Beeinflussung junger Menschen zu Fanatismus führen können. Ja, schon. Aber könnte es nicht sein, dass bei der Entscheidung eines jungen Mannes oder einer jungen Frau, durch ein Selbstmordattentat tausende unschuldige Menschen zu töten, die Gene nicht doch auch irgendwie eine Rolle spielen? Denn vielleicht hat man auch das einfach irgendwie, oder eben nicht. Wenn sich Gerichtsmediziner, Staatsanwälte, Verteidiger und Richter heute bereits fast alltäglich für die Gene von Menschen interessieren, dann geht es dabei allerdings glücklicherweise nicht um genetische Veranlagungen für Gewalt oder Aggression, sondern um ...

Die Gene als Zeugen

Die Kriminologie versucht stets herauszufinden, ob eine am Tatort gefundene Probe (Haar, Blut, Sperma ...) von einem unter Verdacht stehenden Menschen stammt oder nicht. Hätte auch schon Peter Falk, alias Columbo, genetische Analysen zur Verfügung gehabt, hätte er sicher noch viel mehr Zeit mit Zigarrenrauchen verschwenden können. Ich glaube allerdings, dass kaum jemand mit der uns allen so bekannten Begeisterung diesem schrulligen Inspektor bei seiner Arbeit zuschauen würde, wenn diese Arbeit viel mehr aus genetischen Datenvergleichen bestünde als aus Nachdenken, Beobachten, Befragen und Kombinieren. Columbo oder besser noch die Spurensucher seines Dezernats machten sich immer noch so schön altmodisch auf die Suche nach Fingerabdrücken. „Gibt es Fingerabdrücke?" Diese Frage von

Columbo an all die in der Villa des Ermordeten mit Taschen und Koffern Herumlaufenden ist uns doch allen so vertraut. Warum Fingerabdrücke? Nun, weil sie perfekte Zeugen sind. Der Fingerabdruck eines Menschen ist nahezu vollkommen individuell und unverwechselbar. Das bedeutet im Klartext: Findet man Fingerabdrücke auf der Tatwaffe, die von einem durch die Kombinationsgabe des Inspektors ausgeschnüffelten Verdächtigen stammen, scheint er schon überführt. Was aber, wenn er Handschuhe getragen hat? Was aber, wenn es gar keine Tatwaffe gibt ...? Schauen Sie doch einfach „Bonanza", da ist die Welt noch in Ordnung und vor allem auch einfacher gestrickt! Nein, oder ... Moment, rufen Sie einen Genetiker zu Hilfe. Denn es gibt auch so etwas wie einen genetischen Fingerabdruck, der für jeden Menschen ganz individuell ist. Nur dass man den in jeder noch so kleinen Zelle des Menschen findet. Man entdeckt ihn in Hautzellen, die an Tischkanten abgerieben wurden oder sich unter den Fingernägeln des Opfers befinden, an einem einzigen Haar, das an Zigarettenkippen oder an Champagnergläsern klebt, an Blutzellen, die an zerbrochenen Fensterscheiben haften, oder an Spermazellen bei Sexualdelikten. Sie brauchen sich nur ein einziges Mal an der Nase zu kratzen oder die Hände aneinander zu reiben, und schon verteilen sie Ihren genetischen Fingerabdruck in Ihren Hautzellen im gesamten Raum. Niemand von uns kann einen Raum betreten, in einem Auto gesessen, jemandem die Hand gegeben oder eine Mahlzeit zu sich genommen haben, ohne seinen genetischen Fingerabdruck zu hinterlassen. Die Gerichtsmediziner müssen ihn nur finden. Sie würden nicht glauben, wie erfinderisch Gerichtsmediziner auf der Suche nach genetischen Fingerabdrücken am Tatort sind: Es war Sommer und die Leiche lag noch am Boden. Kein benutztes Besteck, kein Glas, keine Zigarettenkippen ... nichts, an dem man Zellen für einen genetischen Fingerabdruck des Täters hätte finden können. „Alle Fenster zu!", schrie der Gerichtsgenetiker. „Alle raus!" Und dann wurde der gesamte Boden der Wohnung mit einem weißen, feinen

Plastikbelag ausgelegt. Die gesamte Wohnung wurde daraufhin mit Insektengift ausgesprüht. Jede Mücke, die vom Himmel auf den weißen Plastikbelag fiel, wurde fein säuberlich in ein eigenes Mikroplastikgefäß transferiert. Warum? Nun, man kann ja Glück haben. Wenn der Täter von einer sich in der Wohnung befindenden Mücke gestochen wurde, findet man noch Blutzellen von ihm im Inneren der saugenden (jetzt nicht mehr, weil toten) Mücke. Und schon verfügt man über seinen genetischen Fingerabdruck. Hat man später einen Verdächtigen, der mit diesem Raubmord nichts zu tun haben möchte, der verneint, die Ermordete zu kennen oder gar ihre Wohnung jemals betreten zu haben, so muss man ihm nur Blut abnehmen und vergleichen.

Aber was vergleicht man eigentlich genau? Wir haben die zugrunde liegende Methodik schon bei der Frage, ob Mozarts Schädel mit den Gebeinen im vermeintlichen Familiengrab in Salzburg verwandt ist, kennen gelernt, oder auch bei der Frage ob Jesus Nachkommen haben könnte. Das läuft alles nach ein und demselben Prinzip. Wir haben gesagt, dass jeder Mensch 30.00–40.000 Gene hat. Es handelt sich um die Varianten in seinem genetischen Material, die für jeden Menschen ganz individuell sind. Und die ganz spezielle Kombination von Millionen solcher Varianten macht den Menschen zu einer ganz individuellen Kombination aus einer bestimmten Schuhgröße, Augenfarbe, Anlage für Religiosität und Neigung zu Übergewicht (oder eben jede andere der Milliarden von Kombinationsmöglichkeiten). Niemals haben zwei Menschen genau dieselbe Variantenkombination. Es sei denn, zwei Menschen sind aus ein und derselben Zelle entstanden und daher genetisch identisch, so wie eben die schon oft besprochenen eineiigen Zwillinge. Wir haben auch schon festgehalten: Je mehr beziehungsweise näher zwei Menschen miteinander verwandt sind, desto mehr Überlappungen solcher Varianten haben sie. Man untersucht einfach ein paar aussagekräftige Variationen im genetischen Material zur Verfügung stehender Zellproben. So werden zum Beispiel auch genetische Vaterschaftsnachweise durchgeführt oder Leichen nach Tsunami-Katastrophen identifiziert. Wenn aber die untersuchten Genvariationen einer am Tatort gefundenen Hautzelle identisch mit den Variationen einer Blutprobe, die man einem Verdächtigen abgenommen hat, sind, dann ist es bewiesen: die Hautzelle stammt von ihm. Und so macht es auch Sinn, dass bei einem Strafdelikt in einem Dorf, bei dem man Zellproben am Tatort sicherstellen konnte, alle Bewohner des Ortes zu einer freiwilligen Probenspende aufgefordert werden. Man kratzt dabei Zellen von der inneren Mundhöhle ab (geht am schmerzlosesten, einfachsten und billigsten) und analysiert den genetischen Fingerabdruck aller Spender. Die Spende ist meist freiwillig, da in vielen Ländern Gesetze eine verpflichtende Vorladung zu einem Gentest nicht zulassen. Das ist insofern und immer dann egal, wenn alle unschuldigen Bewohner des Dorfes gerne mithelfen, den Täter zu entlarven. Denn all jene unschuldigen Menschen werden vollkommen bedenkenlos spenden und damit den Täterkreis auf jene einengen, die nicht freiwillig spenden. Oder vielleicht sollte man einfach automatisch für jeden Erdenbürger bei seiner Geburt seinen genetischen Fingerabdruck bestimmen und in einer Datenbank speichern? Findet man dann eine Haut- oder Blutzelle am Tatort, könnte man innerhalb von Sekunden mittels Knopfdruck feststellen, wem sie einmal gehörte. Big brother is watching you. Denken Sie nur daran, dass ich gesagt habe, dass wir eigentlich keinen Schritt in unserem Leben setzen und keine Handlung tätigen können, ohne dabei genetische Spuren zu hinterlassen. Solch eine flächendeckende genetische Fingerabdrucksdatei wäre das optimale Instrument zur Bespitzelung einer dann vollkommenen gläsernen Gesellschaft. Von wem wurde dieser Telefonhörer in den letzten Stunden benützt? Wer war in dem Bus um 7 Uhr 45? Im Einzelfall zur Aufklärung schwerer Verbrechen erscheint es ohne Zweifel ein legitimes Mittel zu sein. Der genetische Fingerabdruck wird schon seit einigen Jahren vor Gericht verwendet und seine Akzeptanz nimmt zu. Wenn auch noch vor über zehn Jahren im Falle eines Haares des

Baseballspielers O. J. Simpson, der angeblich seine Frau ermordet hatte, aber freigesprochen wurde, ein amerikanisches Gericht den genetischen Fingerabdruck noch in Zweifel stellte. Auf die Frage der Verteidigung, wie sicher dieser Test wäre, antworteten die Genetiker, dass die Sicherheit des Testergebnisses so hoch sei, dass vielleicht überhaupt nur zwei Menschen auf dieser Welt diesen genetischen Fingerabdruck haben (reine Statistik, die mehr oder weniger sagt, es ist sicher). Wenn es aber irgendwo unter den Milliarden Menschen auf diesem Planeten neben O. J. Simpson noch eine zweiten geben könnte, von dem das Haar stammen könnte, dann ist das auch kein Beweis – so argumentierte die Verteidigung. Ich glaube, die Ergebnisse solcher Verfahren sind oft weniger eine Frage der Aussagekraft des Beweismaterials als vielmehr eine Frage des Honorars der Anwälte, das sich der Angeklagte leisten kann (oder eben nicht).

Das Anti-Aging-Gen

Ein kurzes Leben für den Menschen, aber ein langes
Leben für die Menschheit

Bakterien und Menschen unterscheiden sich in vielerlei Hinsicht.
Das haben wir schon an verschiedenen Stellen dieses Buches diskutiert. Während die einen eine Generationszeit von zwanzig Minuten aufweisen, liegen beim Menschen zwischen der einen und
der nächsten Generation immer viele Jahre. Während der Mensch
sich durch die Verschmelzung von Ei- und Samenzelle zu einem
neuen einzigartigen Individuum fortpflanzt, entsteht ein Bakterium einfach durch Teilung. Ein Bakterium verdoppelt zuerst einmal alles, was ein Bakterium halt so braucht. Danach teilt es sich
in zwei Bakterien – und das vielleicht alle zwanzig Minuten. Seitdem ich das erste Mal von dieser asexuellen Fortpflanzung gehört
habe (und das war gerade zu einer Zeit, als ich eigentlich total davon überzeugt war, dass mich etwas Asexuelles überhaupt nie
interessieren könnte), beschäftigt mich aber auch etwas ganz anderes unaufhörlich. Wenn sich ein Bakterium einfach in zwei teilt,
existiert dann das Ausgangsbakterium noch? Oder anders gefragt: Wenn aus einem Bakterium durch Teilung zwei werden, ist
dann eines der beiden das alte und das andere das neue Bakterium? Oder ist das alte Ausgangsbakterium gestorben und es sind
zwei neue entstanden, die noch nie da waren? Warum das wichtig sein soll? Freilich, es ist ein riesiger Unterschied zwischen diesen beiden Erklärungsmodellen. Im ersten stirbt das Ausgangsbakterium nie! Im ersten Erklärungsmodell gibt es für ein Bakterium keinen Tod! Wohingegen der zweiten Erklärung entsprechend, das Ausgangsbakterium stirbt und im selben Atemzug

zwei neue Bakterien geboren werden. Auf den Punkt gebracht: Sind Bakterien nun unsterblich oder nicht? Bis auf weiteres bleibt das wohl eine mehr philosophische als eine naturwissenschaftliche Frage.

Der Mensch stirbt auf jeden Fall. Jeder Mensch stirbt. Lediglich der eine früher und der andere später. Aber warum eigentlich? Sie meinen, was soll das für eine Frage sein. Der Mensch stirbt, weil er nicht unendlich leben kann. Damit sollten wir noch nicht zufrieden sein. Warum also stirbt der Mensch wirklich? Und es gibt eine eindeutige wissenschaftliche Antwort. Und irgendwie kann man schon wieder den kleinen Schmetterling namens Birkenspanner heranziehen, um das zu erklären. Jedes Tier, genauso wie der Mensch, ist Produkt der Wechselbeziehung zwischen Umwelt und Genetik – ein ausgeklügeltes und abgestimmtes Wechselspiel. Was aber, wenn einer der beiden Spieler sich plötzlich stark verändert? Konnte das genetische Rüstzeug der Dinosaurier nicht schnell genug auf die sich neu entwickelten Umweltbedingungen der Eiszeit reagieren, weil die Generationszeit dieser Tiere eben nicht nur zwanzig Minuten lang war? Die Eiszeittheorie ist nur eine der vielen, die im Zusammenhang mit dem Untergang der Dinosaurier immer genannt werden. Wir ziehen sie hier jetzt nur heran, um uns fragen zu können, wie das genetische Rüstzeug der Dinos hätte reagieren können. Nun, wie wir seit Darwin (und unserem Birkenspanner) wissen, durch Mutation und Selektionsvorteil. Wären alle hellen, wie Birkenrinde gemaserten Birkenspanner unsterblich und die Umwelt würde sich plötzlich so ändern, dass die Birkenrinden auf Grund von Umweltverschmutzung alle dunkel würden, was würde geschehen? Weil die hellen Tiere sofort von Vögeln gefressen würden, würden Birkenspanner sehr schnell ausgestorben sein. Wie aber können sie überleben und ihre Art erhalten? Indem durch Mutation ein dunkler Birkenspanner entsteht, der dadurch gute Überlebenschancen für sich und durch seine Fortpflanzung für seine ganze Art schafft. Es muss also ständig ausgetestet, überprüft und optimiert werden –

unser so viel diskutiertes Wechselspiel zwischen Umwelt und Genetik. Die Macht der Gene zu überleben ist also nur dadurch gesichert, dass alte genetische Muster gehen und gleichzeitig ständig neue kommen können.

Am Anfang dieses Buches haben wir gehört, dass der Mensch ein zufälliges Gemisch der Gene seiner Vorfahren ist. Er entsteht aus genetischer Sicht ständig neu und individuell (natürlich nur mit kleinsten Abweichungen). Aus genetischer Sicht ist Individualität das höchste Gut. Ständig neu entstehende Individualität gewährleistet, dass Varianten entstehen können, die auch in einer geänderten Umwelt eine Überlebenschance haben. Wenn es aber passiert, dass die aufeinander folgenden Generationen genetischer Individualität nicht schnell genug günstigere genetische Varianten zu Stande bringen, dann kann eine sich ändernde Umwelt zum Aussterben einer ganzen Tierart führen. Das könnte einmal für die Dinosaurier von Bedeutung gewesen sein, das gilt aber auch heute noch für jede bedrohte Tierart auf unserem Planeten. Das würde auch für den Menschen gelten, würde er nicht durch die sexuelle Fortpflanzung seine Chancen auf neu entstandene Individualität durch Neuvermischung (groß-)väterlicher und (groß-)mütterlicher Gene hochhalten. Allerdings ergibt sich daraus auch: Sobald man sich einmal fortgepflanzt und die Kleinen zur Selbstständigkeit erzogen hat (falls das notwendig ist – Fische beispielsweise ersparen sich den Erziehungsstress), wird man überflüssig. Man steht als zusätzliches Löwenmaul, das am Antilopenkadaver nagt, lediglich dem Stark- und Großwerden der neuen, jungen genetischen Variationen im Weg. Also müssen die Alten sterben, damit die Jungen überleben können. Und eine neue Generation muss durch genetische Durchmischung auf die alte folgen, damit auf lange Sicht auf eventuelle neue Umweltbedingungen reagiert werden kann. Das heißt: Der einzelne Mensch muss sterben, damit die Menschheit evolutiv überleben kann. Der Preis für Sex ist also der Tod! Aber einmal Hand aufs Herz und alle mehr oder weniger zölibatär lebenden Leser kurz weggehört – lieber sterben als kein Sex – oder? Die alte Generation sagt, das Leben des Menschen beginnt nicht bei der Verschmelzung von Ei- und Samenzelle, bei Eintreten einer Schwangerschaft oder bei der Geburt, sondern erst dann, wenn die Kinder aus dem Haus und der Hund tot sind. Die neue Generation sagt, das Leben beginnt nicht bei der Verschmelzung von Ei- und Samenzelle, bei Eintreten einer Schwangerschaft oder bei der Geburt und auch nicht, wenn wir aus dem Elternhaus sind und unser Hund tot ist, sondern erst, wenn unsere Eltern tot sind. Sehr abgewandelt – ich weiß.

Das genetische Alter

Der Mensch muss also sterben. Na gut – das hätten wir. Aber wie geht das vor sich? Die meisten Menschen, mit denen ich diese Thematik am Heurigentisch diskutiere, stellen sich und mir immer wieder die Frage: Angenommen, ein Mensch würde nie krank, müsste er dann auch sterben? Hat der Mensch grundsätzlich ein Ablaufdatum? Und wo steht für diese gesunden Menschen ihr Alter beziehungsweise ihr Sterbedatum niedergeschrieben? Das kann doch eigentlich nur im Buch der Gene stehen – oder? Natürlich, ganz richtig. Eine vollkommen gesunde Eintagsfliege wird trotzdem nur einen Tag alt, eine immer gesunde Schildkröte wird viele, viele Jahre alt (vorausgesetzt, sie wird so liebevoll gepflegt und vor der Katze beschützt, wie es meine Tochter für ihre tut), und der stets gesunde Mensch kann … Nun, die ältesten dokumentierten Menschen der Welt sind vielleicht Jeanne Calment und Sabani Chatschukajewa. Die Französin Calment lebte vom 21. Februar 1875 bis zum 4. August 1997 und wurde damit 122 Jahre, 5 Monate und 14 Tage alt. Die Tschetschenin Chatschukajewa hat angeblich sogar ein Alter um die 125 Jahre erreicht. Das dürfte auch so ungefähr die maximale Länge eines Menschenlebens darstellen. Aber warum? Da muss man wirklich etwas genauer schauen. Sehr reduktionistisch betrachtet, ist der Mensch eine riesige Zellmasse, eine Ansammlung von Milliarden kleinster Teile. Der Mensch besteht aus ungefähr 220 verschiedenen Zelltypen, Lungenzellen, Magenzellen, Blutzellen, Nervenzellen ... Er hat aber Milliarden davon. Eine Zelle lebt sehr oft nur eine ganz bestimmte Zeit lang und dann stirbt sie. Zellen werden aber auch ständig nachproduziert. Eine menschliche Lungenzelle erreicht so ungefähr ein Alter von 80 Tagen, eine Magenzelle des Menschen hingegen lebt nur 2 Tage lang, rote Blutkörperchen 120 Tage und Hautzellen so zwei bis vier Wochen lang. Das Absterben und das Neuentstehen von Zellen ist ein ständiges Kommen und Gehen. Und das ist gut so. Das erlaubt Regeneration und Korrektur. Der Mensch hat eine bestimmte Menge an Blut im Körper. Mit jeder Wunde verlieren wir Blut. Einmal mehr und einmal weniger. Das würde dann aber bedeuten, irgendwann ist Schluss. Irgendwann sind wir ausgelaufen und blutleer. Dieser Fall tritt nicht ein, da wir Stammzellen im Körper haben, die Blutzellen immer wieder herstellen können. Genauer gesagt beginnen sich Stammzellen dann zu teilen, wenn sie gerade die biochemischen Signale „Achtung Wunde!" erhalten haben. Jede Stammzelle teilt sich in zwei Zellen. Eine der so entstandenen Zellen bleibt Stammzelle und die andere wird zur Blutzelle. Dadurch kann sofort Blut entstehen, und für die nächste Wunde haben wir aber immer noch Stammzellen, damit dies wieder und wieder passieren kann. Toll – nicht wahr? Sollten wir aber ganz schnell ganz viel Blut verlieren, ist dieses System jedoch überfordert und wir benötigen eine Bluttransfusion. Regeneration – wann, wie oft und wie lange während eines Menschenlebens funktioniert das? Wenn man solche Rechnungen anstellen wollte, könnte man sagen, dass in einem Jahr ungefähr 25 Mal die Haut der Lippen neu gebildet wird, es entstehen ungefähr 200 Magenausgänge, 8 Luftröhren, 6 Harnblasen und 18 Lebern jährlich. Wir bekommen aber nicht wirklich jedes Jahr 18 Lebern dazu. Das Sterben und das „Geborenwerden" von Leberzellen hält sich ständig die Waage. Dieses Gleichgewicht ist für den Körper wichtig. Es kann aber auch einmal das eine und dann wieder das andere überwiegen, falls das vom Körper so gewollt ist. Während der Embryonalentwicklung entstehen die Finger des Menschen etwa dadurch, dass sich zuerst ein „Handklumpen" bildet und danach erst bestimmte Zellen dazwischen absterben, wodurch die Finger übrig bleiben können. Dieser programmierte gewünschte Zelltod (Apoptose) ist auch sehr wichtig, damit Zellen, die zu viel oder defekt sind, aus dem Körper entsorgt werden können. Wenn das Gleichgewicht zwischen Erneuerung und Zelltod gestört ist, dann kann es dazu führen, dass beispielsweise eine unkontrollierte Zunahme an Zellvermehrung stattfindet. So entsteht zunächst einmal ein gutartiger Tumor, der aber dann durch zusätzliche genetische Veränderungen in den Zellen bösartig werden kann. Der menschliche Körper verhält sich im Grunde wie zwei Kinder, die zwischen zwei Sandkisten Kübel mit Sand hin- und hertragen. Solange das eine Kind genauso schnell läuft wie das andere, bleibt alles im Gleichgewicht. Wen der menschliche Körper aber ein so ausgeglichener Mechanismus ist, wieso wird man dann älter? Wieso fallen Haare aus? Wieso wird unsere Haut faltiger und faltiger? Die Antwort darauf ist einfach. Die Kübel der beiden Kinder haben kleine Löcher. Dies bedeutet, dass mit jedem Mal Tragen ein wenig Inhalt verloren geht. So weiß man zum Beispiel, dass mit jeder Zellteilung, mit der neue Blutzellen, Hautzellen oder Haarzellen entstehen, die Chromosomen an ihren Enden (den so genannten Telomeren) etwas kürzer werden. Das ist ein wichtiger Grund, warum Zellteilung eben nicht unendlich ablaufen kann. Sind nämlich die Chromosomen der Zellen an ihren Enden zu kurz geworden, hören die Zellen einfach auf sich zu teilen. Das ist eines von wahrscheinlich mehreren verschiedenen Programmen, das in der Evolution entstanden ist, um zu verhindern, dass auch im „besten Fall" der Mensch nicht unendlich alt werden kann. Er soll ja, wie oben besprochen, sterben und für die nächste Generation Platz machen. Mit dem „besten Fall" ist hier gemeint, dass man nicht vorher an einem Autounfall, Krebs, Herzinfarkt stirbt oder von einem Vogel gefressen wird (Letzteres gilt natürlich nur für unseren mittlerweile etwas überstrapazierten Birkenspanner). Für diesen „besten Fall" wird für den Menschen ein mögliches Alter von vielleicht 130 Jahren und für die Eintagsfliege aber eben nur ein Tag angenommen. Auch einer Eintagsfliege kann es passieren, dass sie eher als vorgesehen platt gedrückt auf einer Menschenhand stirbt.

Es geht also im Laufe der Zeit Sand aus den Kübeln verloren. Gewebe wird eben nicht mehr regeneriert oder erneuert. Betrifft diese fehlerhafte Wiederherstellung nicht lebenswichtige Aspekte des menschlichen Körpers, so kann man trotzdem gut weiterleben. Sichtbar wird das Resultat aber allemal. Und so verlieren Männer ihr Haupthaar und Frauen die exakte Position des Busens, beide Geschlechter gewinnen an Hautfalten und verlieren an Körperhaltung und -größe. Bei Frauen kommt es sogar zu einem Verlust der Fortpflanzungsfähigkeit auf natürlichem Weg. Alles, was der menschliche Körper an fehlender Regeneration toleriert, ist das, was wir gemeinhin als Zeichen des Älterwerdens an unserem Körper bezeichnen.

Das Alter genetisch überlisten

Der Mensch muss also sterben. Na gut – das hätten wir. Jetzt wissen wir auch schon, wie das abläuft. Aber warum stirbt der eine früher und der andere später? Alles, was wir bisher gesagt haben, gilt schließlich für jeden Menschen gleich. Warum gibt es Menschen, die rauchen und saufen und trotzdem uralt werden? An dieser Stelle müssen wir etwas enorm Wichtiges klarstellen. Was bedeutet das, wenn wir alle und täglich sagen: „Wer gesund lebt, lebt lang"? Wirkt eine gesunde Lebensführung lebensverlängernd? Einerseits ja und andererseits nein! Eine eigenwillige Antwort? Ich erkläre schon. An der Tatsache, dass das Programm der Teilung menschlicher Körperzellen nach etwa 130 Lebensjahren einen Punkt erreicht hat, an dem unweigerlich Schluss ist, ändert eine gesunde Lebensweise gar nichts. Das steht in den Genen festgeschrieben. Das obliegt der Macht der Gene. Plakativ gesagt: Eine Eintagsfliege kann sich gesund ernähren und Sport betreiben so viel sie will, sie wird trotzdem maximal einen Tag alt. Wenn auch der „beste Fall" eintreten sollte und ein Mensch nie krank wird, wird er trotzdem an langsam aushauchenden Organfunktionen (Altersschwäche) sterben. Das sieht das in der Evolution entstandene genetische Programm so vor. Dass das Altern des Menschen dennoch ein Wechselspiel zwischen Umwelt und Genen ist, bezieht sich daher primär einmal nur auf die Zeitspanne innerhalb dieser 130 Jahre. Der eine stirbt an Lungenkrebs, weil er geraucht hat, der andere an Herzinfarkt wegen Übergewicht. All das passiert aber innerhalb der genetisch programmierten und vorgesehenen 130 Jahre. Aber auch all das ist genetisch mitbestimmt. Das heißt, mit welcher Wahrscheinlichkeit wer an welcher Erkrankung verstirbt, ist zu einem beträchtlichen Teil auch in seinen Genen angelegt – bereits seit seiner Geburt. Es gibt also durchaus eine genetische Ungerechtigkeit, was das erreichte Alter jedes einzelnen Menschen betrifft. Der eine stirbt früher als der andere, weil er eben eine genetische Neigung für Herzinfarkt, Schlaganfall oder Krebs hat. Die überwiegende Mehrheit von uns allen hat irgendwelche Neigungen für irgendwelche lebensverkürzende Erkrankungen. Gut wäre es jedenfalls, wir würden darum wissen, denn dann könnten wir unseren individuellen spezifischen genetischen Anlagen durch bestimmte Lebensbedingungen, Ernährung, Sport oder Stressvermeidung entgegenwirken. Oder sollten wir das alle nicht auf jeden Fall tun, sozusagen um den schlechtesten Fall anzunehmen? Tja, eine schwicrige Frage, und die Antwort darauf riecht nach fadem, genusslosem Leben ohne Risiko und Spontaneität. Einer meiner Lieblingsschauspieler, Woody Allen, hat das einmal so beschrieben: Um hundert Jahre alt zu werden, darf man all die Dinge nicht tun, um die zu tun wir eigentlich gerne hundert Jahre alt würden.

Den „schlechten" Genen entgegenwirken also. Ganz ähnlich einem Menschen, der mit der genetischen Anlage für Phenylketonurie zur Welt kommt. Sie erinnern sich, das war die Erkrankung, auf die jedes Neugeborene untersucht wird, da durch Vermeidung von Phenylalanin in der Nahrung die Krankheit sehr gut verhindert werden kann. Wieso ist das durchschnittliche Alter des Menschen aber in den letzten Jahrhunderten so angestiegen? Ganz einfach aus zwei Gründen. Zunächst deshalb, weil wir heute viel mehr über lebensverkürzende Umweltbedingungen wissen und sie dadurch vermeiden können. Wir wissen, wie wichtig Hygiene ist, welche Art der Ernährung gesünder ist und dass Kopfabschlagen mit dem Schwert auch sehr negative Auswirkungen auf die Lebenserwartung hat. Aber es liegt genauso am medizinischen Fortschritt. Es ist noch nicht so lange her, wie Sie jetzt vielleicht vermuten würden, dass man an einem entzündeten Blinddarm oder an einer heute harmlosen bakteriellen Infektion gestorben ist. Sterile chirurgische Eingriffe, die Entdeckung und Entwicklung von so wirksamen Medikamenten wie Penicillin, das alles war und ist wirklich lebensverlängernd. Denken Sie nur an die noch existente Kindersterblichkeit in Regionen dieser Welt, wo die Früchte des medizinischen Fortschritts auch gegenwärtig noch nicht im gleichen erstrebenswerten Ausmaß zur Verfügung stehen wie bei uns. Darum werden wir beispielsweise in Europa heute einfach älter. Und trotzdem – alles im Rahmen der uns von den Genen zur Verfügung gestellten Zeit – vielleicht ungefähr 130 Jahre. Dann ist Schluss und daran ist nichts zu ändern. Oder …?

Jetzt muss ich, um Sie richtig nervös zu machen, von ganz aktuellen Resultaten genetischer Experimente an bestimmten Modellorganismen erzählen – ganz unter dem Motto der Genetik und James Bond: Sag niemals nie. Dass jedes Tier eine in den Genen verankerte, ganz bestimmte Lebensdauer hat, daran ist nichts zu rütteln. Aber dass man daran in der Zukunft nichts ändern könnte, an diesem Dogma wird gerade von Genetikern gerüttelt. Bei der Eintagsfliege steht auf ihrem genetischen Pass „ein Tag", beim Menschen „130 Jahre", und bei einem Wurm mit dem Namen Caenorhabditis elegans steht auf dem genetischen Pass „21 Tage". Was will er jetzt mit diesem Wurm? C. elegans ist ein Fadenwurm, einen halben Millimeter groß, durchsichtig und in jeder Gartenerde zu finden (oder eben nicht, weil zu klein). Er ist ein idealer Modellorganismus, um die Rolle von Genen für ganz bestimmte Mechanismen zu studieren – so auch für das Altern. Diese Fadenwürmer sind leicht zu züchten, haben eine kurze Generationszeit und die Umwelt, in Form von gesunder Ernährung, Sport und Stressbewältigung, spielt für das Altern dieses Wurms auch nur eine äußerst geringe Rolle. Dr. Cynthia Kenyon aus San Francisco wurde bei ihrer Suche nach den Genen, die dieses programmierte Ablaufdatum von 21 Tagen dieses Wurms steuern, fündig. Sie hat nach längerer Suche ein Gen des Fadenwurms entdeckt, dass für das programmierte Alter von größter Bedeutung sein dürfte. Warum? Ganz einfach: Wenn man bei Fadenwürmern gentechnologisch dieses Gen manipuliert, leben die Würmer wesentlich länger als 21 Tage! Was halten Sie von doppelt so lang? Das ist sicherlich eine der unglaublichsten Entdeckungen der letzten Jahrzehnte überhaupt. Und dieses Gen ist nicht das einzige seiner Art geblieben. Die Gene, die hier eine Rolle spielen, tragen Namen wie DAF-2, DAF-16 oder HSF-1 und regulieren unter anderem die Aufnahme von Wachstumsfaktoren in der Zelle. Würde man die bisher erzielten Ergebnisse aus C. elegans auf den Menschen umlegen, so würde das ein zu erreichendes Menschenalter von über 200 Jahren bedeuten! Kritiker reklamierten sofort, dass C. elegans ein ganz einfacher Organismus mit nur 21 Tagen Lebenserwartung ist. Wie sieht es mit ähnlichen Genen und deren Effekten in komplexeren Organismen oder gar bei Säugetieren aus? Sicher, Manipulationen an Genen verlängern auch die Lebenserwartung der Fruchtfliege – alles schon bewiesen. Erste noch etwas mit mehr Vorsicht zu betrachtende Ergebnisse zeigen sogar, dass auch die Lebenserwartung von Labormäusen dadurch verlängerbar sein könnte. Wahrlich unglaublich! Natürlich ist das bei höheren Säugetieren alles viel komplexer und wahrscheinlich von vielen Genen gesteuert. Aber die Türen stehen offen, jetzt muss die Forschung nur noch eintreten. Und schon suchen Humangenetiker aus aller Welt nach Genvarianten, die statistisch signifikant mit einer hohen Lebenserwartung des Menschen verbunden sind. Das Untersuchungsziel sind natürlich richtig alte Menschen. Menschen, die an die 100 Jahre alt geworden sind. Es ist eine Suche nach der Nadel im Heuhaufen. Und doch wurden bereits Kandidatengene beim Menschen entdeckt, die vielleicht halten, was sie versprechen. Es könnte nämlich sein, dass ein gesunder Lebensstil, Glück beim Autofahren und vieles mehr die Lebenserwartung natürlich beeinflussen, dass aber letztendlich erst die richtigen Varianten bestimmter Gene die Voraussetzungen für Dreistelligkeit schaffen können.

Erscheint es grundsätzlich möglich, auch beim Menschen durch genetische Eingriffe seine biologische genetische Uhr, die die maximale Lebenserwartung kontrolliert, zu beeinflussen – so wie bei dem durchsichtigen Fadenwurm? Würde solch ein Ansatz Sinn haben? Eine Antwort auf diese Frage ist zum aktuellen Stand der Dinge sehr schwer zu geben. Einerseits müssten, um das erreichbare Lebensalter grundsätzlich beeinflussen zu können, genetische Manipulationen dieser Art den Menschen in seiner Gesamtheit betreffen. Solche Gentherapien beim Menschen sind aus naturwissenschaftlicher und ethischer Sicht heute keinesfalls vertretbar. Sie werden bei Mäusen durchgeführt, weisen eine große Fehlerrate auf und der Ausgang ist oft überhaupt nicht voraussagbar. Außerdem beeinflusst man durch solche genetischen Eingriffe nicht nur den einen Menschen, sondern jede Generation seiner Nachkommen nach ihm. Man verändert die Evolution! Ich glaube, dazu brauche ich nichts mehr zu erläutern. Wäre es überhaupt sinnvoll, würde man sein Ziel überhaupt erlangen können? Das ist deshalb zu verneinen, weil man vielleicht dadurch erreicht, dass die genetische Uhr jetzt länger laufen könnte. Wenn derselbe Mensch aber eine genetische Neigung für irgendeine Erkrankung hat, die bei ihm zu einem vorzeitigen Tod führt, ist die ganze Sache von wenig Erfolg gekrönt. Um das Leben über die Gene wirklich erfolgreich zu verlängern, müsste man die innere genetische Uhr verstellen und gleichzeitig alle genetischen Anlagen für lebensverkürzende Erkrankungen des Menschen blockieren. Bei Tausenden von Genen mit Tausenden von funktionellen Verschaltungsmöglichkeiten ein Ding der Unmöglichkeit – also vollkommen aussichtslos. Wenn man aber nicht den gesamten Menschen genetisch verändern kann, darf und soll, um sein Altern zu bremsen, warum dann nicht eine lokale Anwendung von gentherapeutischen Mittelchen? Sie erinnern sich: Viren als Transportmittel, um Gene im menschlichen Körper an Ort und Stelle zu bringen. Man möchte ja nur, dass die Haare nicht ausfallen und die Haut keine Falten bekommt. Auch das ist, wenn überhaupt, nur Zukunftsmusik. Wenn auch in diesem Fall schon leise Töne aus weiter Entfernung zu hören sind.

Nur Ihre Gene wissen, was Ihnen gut tut

Das genetische Rezept

Für mich sieht unsere „genetische Zukunft" eigentlich ganz anders aus. Und das, wovon ich zum Abschluss dieses Buches jetzt spreche, wird nicht erst irgendwann einmal kommen, sondern ist bereits da. Es muss lediglich noch so ausgebaut und angewendet werden, wie es seine Proponenten eigentlich vorgesehen haben. Aber was sehe ich verstärkt kommen, was im Ansatz schon da ist? Nicht der von Menschenhand geplanten Veränderung der Genetik des Menschen gehört aus meiner Sicht die Zukunft. Das Wissen um seine individuellen genetischen Anlagen könnte der Stoff sein, aus dem die Träume von morgen sind. Nicht die Gene durch lokale Gentherapie zu beeinflussen oder zu verändern, sondern die Umwelt seiner individuellen genetischen Ausrüstung anzupassen, könnte der Schlüssel zum Erfolg sein. Ein Erfolg, wie „niemals krank", „lange leben", „niemals dick" und „ewig schön". Aber fangen wir einmal in Ruhe und klein an. Fangen wir bei den harten Fakten an.

Wir haben an anderer Stelle (genauer gesagt in einem von japanischen Touristen überfüllten Grinzinger Heurigen) davon gesprochen, dass die Alkoholdehydrogenase für den Abbau von Alkohol im Körper verantwortlich ist. Japaner verfügen sehr oft über eine Variante dieses Gens, die dafür verantwortlich ist, dass sie schlechter als Europäer und auf keinen Fall so gut wie Finnen Alkohol vertragen. Der Abbau von Nahrungsmitteln ebenso wie die Verwertung von Arzneistoffen wird von vielen Enzymen im Körper gesteuert. Es gibt viele Varianten dieser Enzyme, die die verschiedensten Konsequenzen für deren Träger haben. Die einen Genvarianten führen dazu, dass ein bestimmtes Medikament eine bessere Wirkung mit geringeren Nebenwirkungen hat. Bei Trägern von anderen Varianten des vielleicht gleichen Gens verhält es sich gegenteilig. So wurde beispielsweise entdeckt, dass ein bestimmtes harmloses Malaria-Medikament vielen Menschen vorbeugend sehr gut hilft. Für Träger bestimmter Genvarianten der Glucose-6-Phosphat-Hydrogenase kann die Einnahme dieses Medikaments wegen auftretender Nebenwirkungen aber tödlich sein! Etliche Medikamente, die wir alltäglich immer wieder zu uns nehmen, werden durch so genannte P450 (CYP)-Enzyme im Körper verstoffwechselt. Jeder Mensch hat andere Genvarianten für diese Enzyme. Die Frage also, welches Medikament bei welchem Menschen die beste Wirkung mit den geringsten Nebenwirkungen zeigt, hängt von den Varianten seiner Gene ab? Definitiv! Das ist heute bereits unbestritten. Ein eigener neuer Medizin- und Wissenschaftszweig beschäftigt sich ausnahmslos mit diesem spannenden Thema: Pharmakogenomics. Ich weiß, ich muss Sie am Ende dieses Buches nicht mehr daran erinnern. Jeder von uns hat alle 30.000–40.000 Gene des Menschen (mit der „geringfügigen" Ausnahme der Gene am Y-Chromosom, die nur Männer haben). Es gibt aber unzählige Varianten von Gensequenzen, viele, viele verschiedene für jedes Gen, für jeden genetischen Bereich in unserem Erbgut. Jeder Mensch ist dadurch individuell, dass er sein ganz persönliches Set an Varianten der 30.000–40.000 Gene besitzt. Das ist seine ganz persönliche genetische Visitenkarte. Auf der steht bei dem einen „genetische Anlage für Cystische Fibrose", „Neigung zu Homosexualität" oder „besserer Sprinter als Langstreckenläufer". Bei dem anderen steht vielleicht „genetische Anlagen für Übergewicht und Herzinfarkt", „großes musische Talent" oder „Neigung zur Religiosität". All das haben wir kennen gelernt. Für all das und noch vieles mehr gibt es damit verbundene Varianten von ganz bestimmten Genen, mit so schrägen Namen wie VMAT2, CFTR, ADA, NOS, ACTN3, MGF,

SRY, IGF2R, INSIG2, CRHR1 … Noch mehr solcher Genvarianten und ihre Bedeutung für unser Leben haben wir in diesem Buch besprochen. Für viele davon gilt, dass die Ausprägung des entsprechenden Merkmals, der Eigenschaft oder auch der Erkrankung nicht von der Genvariante allein, sondern eben auch von den entsprechenden Umwelteinflüssen abhängt. Sogar der Umstand, ob ein Medikament wirkt oder nicht, hängt sehr oft von bestimmten Genvarianten ab. Das betrifft Kopfwehmittel genauso wie Chemotherapeutika. Auch heute noch steht der Arzt vor einer schwierigen Entscheidung, wenn es mehrere verschiedene Medikamente für denselben therapeutischen Ansatz gibt. Gott sei Dank wurden verschiedene Kopfwehmedikamente entwickelt. Wer kennt das nicht: „Nein, das wirkt bei mir nicht, ich nehme immer …" In vielen Fällen war und ist es noch ein steiniger Weg, bis das beste Medikament für den individuellen Patienten gefunden wird. Das Medikament nämlich das am besten mit den geringsten Nebenwirkungen hilft. Der Arzt verschreibt zuerst das eine. Kommt der Patient wieder und beklagt sich, dass es nichts hilft, verschreibt er das nächste. Immer mit der Hoffnung, bei dieser Lotterie auf eines zu stoßen, das hilft und dabei keinerlei Nebenwirkungen (beispielsweise Allergien) auslöst. Eigentlich ein gefährliches Roulette. Es können einmal wirklich gefährliche Nebenwirkungen auftreten (siehe oben das Malaria-Medikament). Es kann im Fall von Krebsbehandlungen aber oft auch einfach zu spät sein. Der Patient ist unter Einnahme wirkungsloser Medikamente verstorben, bis das für ihn optimale Arzneimittel überhaupt an der (Test-)Reihe gewesen wäre. Aber auch bei Kopfweh ist es äußerst lästig, wenn nicht schnell Hilfe bereitgestellt werden kann. Und denken Sie auch an die ökonomischen Aspekte. Medikamente sind teuer. Welcher Staat, welcher Steuerzahler und welcher Patient kann es sich leisten, lange Zeit nicht gut wirksame Medikamente einzunehmen, bis das richtige gefunden worden ist? Pharmakogenomics! Man muss Tausende von genetischen Varianten darauf testen, ob sie die Wirkungsweise eines bestimmten Medikaments beeinflussen können. Hat man eine Variante gefunden, so ist es der nächste logische Schritt, Patienten mittels Gentest in „genetische Gruppen" zu unterteilen. Die zukünftigen Worte ihres Arztes werden sein: „Ihr individueller Gentest hat ergeben, dass bei Ihnen Levitra besser und mit geringeren Nebenwirkungen hilft als Viagra und Cialis." Ich weiß, liebe männliche Leser, dass Sie diese Arzneistoffe nicht kennen – es handelt sich ja auch um Potenzmittel. Und ich spreche schließlich von einem Ausblick in (Ihre) die Zukunft.

Jetzt werden Sie vielleicht denken, da gäbe es noch ein klitzekleines Problem. Tausende von Genvarianten müssen dann vielleicht bei jedem Patienten vor Einnahme der verschiedenen Medikamente getestet werden. Schließlich wissen wir jetzt, wie komplex die Verschaltungen und Wechselwirkungen unserer Gene sind. Das ist doch sicher sehr aufwändig, dauert lange und ist sehr teuer? Dieses Problem ist gelöst – mittels einer Technik, bei der unzählige Genabschnitte auf ein Glasplättchen so groß wie mein Daumennagel immobilisiert werden. Man nimmt dem Patienten einen Tropfen Blut ab, reinigt das Erbgut aus den Blutzellen und testet mittels gendiagnostischer Verfahren, welche Genvarianten auf diesem Glasplättchen zu dem Patienten passen und welche nicht. Das Verfahren wird gerne Chipdiagnostik genannt, weil die verwendeten Plättchen ihre Entwickler an Computerchips erinnerten, obwohl sie keine sind. Und doch liest das Ergebnis ein Computer. Der Arzt bekommt schließlich eine Liste für jeden Patienten: VMAT2 – Variante 17, NOS – Variante 6, ACTN3 – Variante 1 ... So ähnlich liest sich das dann. Jede Variante ist mit einer höheren Wahrscheinlichkeit für ein Merkmal, für eine Eigenschaft oder eben auch für die Verträglichkeit und Wirksamkeit eines Medikaments untrennbar verbunden. Das Testergebnis ist nach einem Tag fertig und die Kosten dafür hängen, wie alles im Leben, von Angebot und Nachfrage ab. Ich schätze einmal, es könnte sich vielleicht eines Tages auf 50 Euro einpendeln und später wird es dann noch viel billiger, je nachdem, wie oft was

angewendet wird. Sagenhaft – nicht wahr! Wohlgemerkt: Wahrscheinlichkeiten und nicht notwendigerweise Garantien. Aber
wen juckt das?

Life-style-Genetik

Ich hoffe, in diesem Buch ist es mir gelungen, Ihre Fantasie für
dieses Thema anzuregen. Ich sage immer, fantasieren kann man
besser über etwas, worüber man zumindest schon ein wenig weiß.
Sie wissen jetzt schon so einiges über die „Macht der Gene". Warum also dann nicht gemeinsam ein wenig darüber fantasieren,
wie die Macht der Gene unser zukünftiges Leben noch beeinflussen könnte? Einen Blutstropfen abgeben, einen Tag warten, vielleicht ungefähr 50 Euro bezahlen, und ich weiß viele Details über
meine ganz individuelle genetische Visitenkarte. So würde das
also ablaufen. Welche Varianten welcher Gene trage ich? Erinnern wir uns noch einmal an die Geschichte des Mannes, der seinen Schlüssel unter der Laterne sucht, obwohl er ihn im Dunkeln
an einer anderen Stelle verloren hat, bloß weil unter der Laterne
eben Licht ist. Wo soll man nachschauen, um etwas über welche
genetischen Anlagen eines Menschen zu erfahren? Ich hoffe, es ist
in diesem Buch auch klar geworden, dass unzählige Wissenschafter in unzähligen Studien auf der ganzen Welt nach Varianten von
Genen suchen, die statistisch mit dem Auftreten bestimmter
Merkmale, Eigenschaften, Talente, Neigungen, Krankheiten oder
eben auch bestimmter Arzneimittelverträglichkeiten verbunden
sind. Einige davon habe ich Ihnen vorgestellt. Und glauben Sie
mir, diese Genetiker (und noch viele mehr) arbeiten jetzt gerade
irgendwo auf diesem Planeten auch an Fragen, die wir uns noch
gar nicht gestellt haben. Natürlich wäre es enorm wichtig zu wissen, welche genetischen Anlagen ich habe, bei denen ganz bestimmte Umwelteinflüsse verhängnisvoll wirken. Denken wir zurück an die fatale Wirkung von Phenylalanin bei Phenylketonu-

rie-Patienten. Es gibt beispielsweise auch eine genetische Erkrankung mit dem Namen Alpha-1-Antitrypsin-Mangel. Sie kommt durch Veränderungen in einem bestimmten Gen zu Stande. Hier treten Fehlfunktionen von Lungen- und Leberzellen auf. Ein betroffener männlicher Raucher, der mit gewisser Regelmäßigkeit Alkohol konsumiert, wird an der Zerstörung seiner Lungen- und Leberzellen meist bereits im fünften Lebensjahrzehnt verstorben sein. Der Verzicht auf Rauchen und Trinken kann diesem Menschen zwanzig Jahre seines Lebens schenken! Sie meinen, das muss genauso wie die Phenylketonurie auf den Genchip. Der besagte Blutstropfen muss darauf getestet werden. Das erscheint sehr logisch. Aber wie steht es um Erkrankungen, gegen die wir keinerlei Therapie oder Prophylaxe haben? Sie erinnern sich an Chorea Huntington, den Veitstanz. Wollen wir das auch wissen? Aber eigentlich wollte ich mit Ihnen über andere Dinge fantasieren. Was sonst noch würden wir gerne über unsere genetischen Anlagen wissen? Man kann es nicht oft genug sagen. Natürlich würden diese Untersuchungen keine hundertprozentigen Aussagen treffen. Und doch wäre es einfach furchtbar spannend, mehr über seine ganz persönlichen Wahrscheinlichkeiten zu wissen – oder nicht? Nicht nur, um mit einem gesunden Lebensstil unseren Anlagen für Erkrankungen entgegenwirken zu können oder zu erfahren, welches Medikament bei mir am besten wirkt. Welche Schönheitscreme passt genetisch besser für meine Haut? Welcher Powerdrink gibt mir mehr Energie? Welche Nahrungsmittel darf speziell ich zu mir nehmen, ohne dass sie mich dick machen? Welches Instrument, Klavier oder Gitarre, passt genetisch besser zu meiner Tochter? Für welche Sportart wird mein Sohn eines Tages den besten Körper- und Muskelbau haben? Welches Haustier passt besser zu mir? In welchem Beruf habe ich eines Tages bessere genetische Aussichten? Womit habe ich eines Tages die größten Chancen, berühmt zu werden: als Model, als Politiker oder doch besser als Serienkiller? Beim Kauf des nächsten Buches sollte ich vielleicht vorher genetisch abklären lassen, wie hoch die

Wahrscheinlichkeit ist, dass mich die behandelte Thematik interessiert … (He, hallo, das habe ich gehört!) Wie auch immer, hören wir nicht auf zu fantasieren, auch wenn uns unsere Fantasie in diesem Fall bestimmt viel eher einholt, als wir es uns in unserer Fantasie vorstellen können.

Hademar Bankhofer

50 einfache Dinge, die Sie über Ihre Gesundheit wissen sollten

208 Seiten. Piper Taschenbuch

Oft sind die einfachen Dinge die effektivsten, wenn es darum geht, gesund und fit zu sein. Gerade sie helfen uns, länger zu leben sowie geistig und körperlich in Hochform zu bleiben. Egal, ob es um Stressabbau, die heilenden Kräfte von Wärme oder das natürliche Absenken eines zu hohen Cholesterinspiegels geht: Gesundheitsprofessor Hademar Bankhofer fasst in 50 Tipps den aktuellen Stand der Wissenschaft zusammen und zeigt, wie leicht es sein kann, etwas für die eigene Gesundheit zu tun. Alle Tipps lassen sich problemlos und ohne große Veränderungen im Alltag umsetzen.

Udo Pollmer

Eßt endlich normal!

Das Anti-Diät-Buch. 304 Seiten. Piper Taschenbuch

Die Diskussion um Deutschlands dicke Kinder und all die Pfunde, die wir alle angeblich zuviel auf den Rippen haben, trägt hysterische Züge. Der renommierte Ernährungsexperte Udo Pollmer zeigt, daß unser Schlankheitswahn in Wirklichkeit krank macht, und beweist, daß die Epidemie der Dicken nicht existiert. Essen und Gewicht hängen weniger stark zusammen, als wir glauben. Es gibt keine Diät und keine Sportart, mit der wir dauerhaft abnehmen würden, ganz im Gegenteil: Unser Schlankheitswahn macht krank.

»In seinem Buch räumt Pollmer mit zahlreichen Vorurteilen auf und widerlegt detailliert die Panikmache der Schlankheitspropheten. Ihr Körper weiß viel besser als alle Gesundheitsapostel, was für Sie gut ist.«
Deutschlandradio

PIPER

François Lelord / Christophe André
Die Macht der Emotionen
und wie sie unseren Alltag bestimmen. Aus dem Französischen von Ralf Pannowitsch. 400 Seiten. Piper Taschenbuch

Sind Sie eifersüchtiger, als Ihnen lieb ist? Schämen Sie sich für Ihre Wutausbrüche? Oder wären Sie Ihrem Chef gegenüber manchmal gern etwas mutiger? Das erfahrene, seit Jahren erfolgreich praktizierende Psychologenduo Lelord und André erklärt die biologischen und sozialen Wurzeln unserer Emotionen, untersucht Konflikte bei einem Zuviel oder Zuwenig an Gefühlen und gibt dem Leser grundlegende Ratschläge zum Umgang mit Zorn, Neid, Glück, Traurigkeit, Scham, Eifersucht, Angst und Liebe.

Vom Autor der Bestseller »Hectors Reise oder die Suche nach dem Glück«, »Hector und die Geheimnisse der Liebe« und »Hector und die Entdeckung der Zeit«.

John J. Ratey
Das menschliche Gehirn
Eine Gebrauchsanweisung. Aus dem Amerikanischen von Sonka Schuhmacher, Rita Seuß und Christoph Trunk. 480 Seiten mit 12 Abbildungen. Piper Taschenbuch

Warum nehmen wir die Welt auf diese und nicht jene Art wahr, wie entstehen unsere Gefühle, unser Bewußtsein, unsere wahren oder auch unsere »falschen« Erinnerungen? Unser Gehirn ist ein dynamisches Organ, das auf die Einflußnahme seines Benutzers reagiert – so die zentrale These dieses Buches. Anhand von Alltagsbeobachtungen und Fallbeispielen aus seiner Praxis erläutert John J. Ratey auf klare und verständliche Weise die Grundstrukturen, die Funktion und erstaunliche Flexibilität des menschlichen Gehirns. Er demonstriert, wie wir unser wichtigstes Organ verstehen und durch verschiedene Faktoren beeinflussen und vitalisieren können. Eine wunderbare Gebrauchsanweisung für dieses großartige und hochkomplexe Organ, das noch kein Computer hat nachahmen können.
Frankfurter Allgemeine Zeitung

05/2124/02/L   05/2139/02/R

Wollen Sie wirklich so alt werden wie Sie aussehen?

Hengstschläger, Markus
„ENDLICH UNENDLICH"
Vorwort von Tim Hunt
192 Seiten, EUR 19,95
ISBN: 978-3-902404-62-6
Ecowin Verlag

»*In einem fiktiven Dialog mit dem Leser erklärt der Autor auf gut verständliche und spannende Weise, was der heutige Stand des Wissens ist.*«

Neue Zürcher Zeitung

Die moderne Wissenschaft hat die wichtigsten Zäsuren des menschlichen Alterns entschlüsselt: Führerschein mit 18, Sex mit 20, viel Geld mit 30, viel Geld mit 60, und mit 80 Jahren noch immer einen Führerschein und sehr viel Sex zu haben.
So weit, so gut: Aber wollten Sie nicht immer schon wissen, warum wir überhaupt altern und was dabei in unserem Körper vor sich geht? Warum gibt es eigentlich keinen 150-jährigen Menschen, oder ist das nur noch eine Frage der Zeit? Was hat die moderne Biomedizin vielleicht einmal für jene zu bieten, die sich mit ihrer Endlichkeit nicht abfinden wollen?

Mit einem dicken Grinsen und einem entspannten Augenzwinkern erzählt Markus Hengstschläger von Stammzellen aus Milchzähnen und aus bei Schönheitsoperationen abgesaugtem Fett, von einem längeren, aber dafür hungrigen Leben, von tierischen Ersatzteillagern für Menschen, warum Sex vielleicht letztendlich ausstirbt und was wir im hohen Alter tun können, damit wir es auch bemerken, wenn es so weit ist.